"十二五"职业教育国家规划教材
经全国职业教育教材审定委员会审定

住房城乡建设部土建类学科专业"十三五"规划教材

住房和城乡建设部中等职业教育建筑施工与建筑装饰专业指导委员会规划推荐教材

建筑装饰工程施工
（第二版）

（建筑工程施工专业）

U0167506

王守剑　主　编

王永康　于明桂　副主编

刘惠霞　主　审

中国建筑工业出版社

图书在版编目（CIP）数据

建筑装饰工程施工／王守剑主编．—2版．—北京：
中国建筑工业出版社，2021.10（2023.4重印）

"十二五"职业教育国家规划教材　经全国职业教育
教材审定委员会审定　住房城乡建设部土建类学科专业"
十三五"规划教材　住房和城乡建设部中等职业教育建筑
施工与建筑装饰专业指导委员会规划推荐教材．建筑工程
施工专业

ISBN 978-7-112-26418-6

Ⅰ.①建…　Ⅱ.①王…　Ⅲ.①建筑装饰—工程施工—
中等专业学校—教材　Ⅳ.①TU767

中国版本图书馆CIP数据核字（2021）第149595号

　　本书根据教育部最新公布的《中等职业学校建筑工程施工专业教学标准（试行）》，以职业教育土建类专业学生所需的专业知识和操作技能为出发点，采用项目化教学的理念编写。全书共分为7个模块，主要内容有：建筑装饰施工预备知识、墙面装饰工程施工、楼地面工程施工、顶棚工程施工、门窗工程施工、轻质隔墙工程施工、幕墙工程施工。

　　全书结构新颖，突出实践教学、项目教学，将理论知识融入实践教学中，在实践中发现问题，运用理论知识加以解决。针对职业教育的特点，做到理论知识适用、够用，专业技能实用，密切联系实际。

　　本书可作为职业教育土建类专业教材，还可作为土建相关岗位培训教材或土建工程技术人员的参考书。

　　为便于教学和提高学习效果，本书作者制作了教学课件，索取方式为：1.邮箱jckj@cabp.com.cn；2.电话（010）58337285；3.建工书院 http://edu.cabplink.com；4.交流QQ群796494830。

责任编辑：刘平平　李　阳　聂　伟
书籍设计：京点制版
责任校对：党　蕾

"十二五"职业教育国家规划教材
经全国职业教育教材审定委员会审定
住房城乡建设部土建类学科专业"十三五"规划教材
住房和城乡建设部中等职业教育建筑施工与建筑装饰专业指导委员会规划推荐教材

建筑装饰工程施工（第二版）
（建筑工程施工专业）

王守剑　主　编
王永康　于明桂　副主编
刘惠霞　主　审

＊

中国建筑工业出版社出版、发行（北京海淀三里河路9号）
各地新华书店、建筑书店经销
北京点击世代文化传媒有限公司制版
北京同文印刷有限责任公司印刷

＊

开本：787毫米×1092毫米　1/16　印张：18½　字数：289千字
2021年9月第二版　2023年4月第二次印刷
定价：**55.00**元（赠教师课件）

ISBN 978-7-112-26418-6
（37747）

本系列教材编委会 ◆◆◆

序言 ◆◆◆

住房和城乡建设部中等职业教育专业指导委员会是在全国住房和城乡建设职业教育教学指导委员会、住房和城乡建设部人事司的领导下，指导住房城乡建设类中等职业教育（包括普通中专、成人中专、职业高中、技工学校等）的专业建设和人才培养的专家机构。其主要任务是：研究建设类中等职业教育的专业发展方向、专业设置和教育教学改革；组织制定并及时修订专业培养目标、专业教育标准、专业培养方案、技能培养方案，组织编制有关课程和教学环节的教学大纲；研究制订教材建设规划，组织教材编写和评选工作，开展教材的评价和评优工作；研究制订专业教育评估标准、专业教育评估程序与办法，协调、配合专业教育评估工作的开展等。

本套教材是由住房和城乡建设部中等职业教育建筑施工与建筑装饰专业指导委员会（以下简称专指委）组织编写的。该套教材是根据教育部最新公布的《中等职业学校建筑工程施工专业教学标准（试行）》、《中等职业学校建筑装饰专业教学标准（试行）》编写的。专指委的委员参与了专业教学标准和课程标准的制定，并将教学改革的理念融入教材的编写，使本套教材能体现最新的教学标准和课程标准的精神。教材编写体现了理论实践一体化教学和做中学、做中教的职业教育教学特色。教材中采用了最新的规范、标准、规程，体现了先进性、通用性、实用性的原则。本套教材中的大部分教材，经全国职业教育教材审定委员会的审定，被评为"十二五"职业教育国家规划教材和住房城乡建设部土建类学科专业"十三五"规划教材。

教学改革是一个不断深化的过程，教材建设是一个不断推陈出新的过程，需要在教学实践中不断完善，希望本套教材能对进一步开展中等职业教育的教学改革发挥积极的推动作用。

住房和城乡建设部中等职业教育建筑施工与建筑装饰专业指导委员会

"建筑装饰工程施工"是中职教育建筑施工专业的专业核心课，它讲授建筑装饰工程各主要工种的施工工艺、施工技术和方法。本书采用基于工作过程的"项目教学"的理念设计编写大纲并组织全书内容。项目化教学改革作为一项重要改革举措，对于探讨新时期下有效的职业教学模式、提高职业人才培养的质量必将产生积极而深远的影响。为了更好地适应职业教育的人才培养要求和发展趋势，必须进一步深化对传统的教学模式和教学方法的改革，从而培养出能够满足社会需求的职业技能人才。

随着建筑装饰工程技术专业教学改革的深入进行，建筑装饰施工技术课程教学标准的发布实施，部分国家规范、行业标准的修订更新，对建筑装饰施工技术课程提出了新的教学要求。为了适应教学改革，提高教学质量和水平，培养社会急需的高素质技术技能型人才，必须打造一本适合中职学生职业能力培养的精品教材。为了更好地贯彻实施标准、符合建筑装饰施工技术发展的需要，保持教材内容的先进性，作者在原书使用基础上广泛地征求意见，并深入工程实际做了大量的调查研究，经过认真分析，按现行国家规范要求，对原教材进行了修订。针对职业教育的特点，做到理论知识适用、够用，专业技能实用、管用，密切联系实际。

本书实现了"校企结合"的编写方式，引入建筑设计及施工生产企业一线核心技术人员参与教材编写，使教材内容更贴近生产实践。全书结构新颖，共分为7个模块，每个模块又划分若干个项目，并提出学习目标。学习目标是本项目必须掌握的理论知识点和实践知识点；在教材中，穿插一些知识拓展，以拓展学生的知识视野；每个模块都要能力测试及实践活动，课后能力测试的题型多样、灵活。全书突出实践教学、项目教学，将理论知识融入实践教学中，在实践中发现问题，然后用理论知识加以解决，克服了学生对枯燥理论知识的畏惧和厌烦，能起到事半功倍的效果。

本书由河南建筑职业技术学院（河南省建筑工程学校）王守剑任主编，

云南建设学校王永康、北京城市建设学校于明桂任副主编，河南省第一建筑工程集团有限责任公司闫龙伟、河南建筑职业技术学院（河南省建筑工程学校）金辉参编。具体分工如下：王守剑编写模块1、模块3；王永康编写模块2；闫龙伟编写模块4；于明桂编写模块5；金辉编写模块6、模块7。全书由王守剑负责统稿。本书由河南省纺织建筑设计院有限公司刘惠霞主审，本书数字资源由北京睿格致科技有限公司合作开发。

本书在编写过程中，得到了四川省绵阳水利电力学校姚谨英、上海市建筑工程学校周学军、广州市建筑工程职业学校黄民权、云南建设学校廖春洪、北京城市建设学校郭秋生等多位专家的指导并提出宝贵意见，在此一并表示感谢。

由于编者水平有限，书中难免有不足之处，恳请各位读者批评指正。

项目化教学改革作为一项重要改革举措，对于探讨新时期下有效的职业教学模式，提高职业教育人才培养的质量必将产生积极而深远的影响。为了更好地适应职业教育的人才培养要求和发展趋势，必须进一步深化对传统的教学模式和教学方法的改革，从而培养出能够满足社会需求的职业技能人才。《建筑装饰工程施工》是中职教育建筑施工专业的专业核心课，它研究建筑装饰工程各主要工种的施工工艺、施工技术和方法。

本书根据教育部最新公布的《中等职业学校建筑工程施工专业教学标准（试行）》，采用基于工作过程的"项目教学"的理念编写。全书共分为7个模块，每个模块又划分若干个项目。学习目标是项目必须掌握的理论知识点和实践知识点；在教材中，穿插知识拓展，以拓展学生的知识视野；根据需要在项目中安排能力测试及实践活动，课后能力测试的题型多样、灵活。本书内容新颖，针对职业教育的特点，做到理论知识适用、够用，专业技能实用，密切联系实际。本书实现了"校企结合"的编写方式，引入建筑设计及施工企业一线核心技术人员参与教材编写，使教材内容更贴近生产实际。

本书由河南建筑职业技术学院（河南省建筑工程学校）王守剑任主编，云南建设学校王永康、北京城市建设学校于明桂任副主编，河南建筑职业技术学院（河南省建筑工程学校）胡玮炜、河南省第一建筑安装公司闫龙伟参编。具体分工为：王守剑编写模块1、模块3，王永康编写模块2，闫龙伟编写模块4，于明桂编写模块5，胡玮炜编写模块6、模块7，全书由王守剑负责统稿。本书由河南省纺织建筑设计院有限公司刘惠霞主审。本书的编写得到了四川省绵阳水利电力学校姚谨英、上海市建筑工程学校周学军、广州市建筑工程职业学校黄民权、云南建设学校廖春洪、北京城市建设学校郭秋生等多位专家的指导，在此一并表示感谢。

由于编者水平有限，书中难免有不足之处，恳请各位读者批评指正。

目录 ◆◆◆

模块 1
建筑装饰施工预备知识

【模块概述】

　　建筑装饰作为建筑的一个十分重要而又相对独立的组成部分，是完善建筑使用功能，美化和提高环境质量的重要手段。它是建筑的物质、精神和技术功能的重要体现，如图1-1所示。

图1-1　建筑室内装饰

【学习目标】

　　通过本模块的学习，你将能够：

　　1. 了解建筑装饰工程的分类和级别的划分；

　　2. 理解建筑装饰工程施工的基本方法、施工的顺序，了解饰面做法的选择。

项目 1.1 建筑装饰工程的分类和级别

1.1.1 建筑装饰工程的概念

1. 建筑装饰工程

建筑装饰工程是指单位工程中地基与基础工程、主体结构工程完工以后对建筑物的外表进行美化、修饰处理的一系列建筑工程活动。建筑装饰对建筑物、构筑物具有保护主体、美化空间、渲染环境的作用。

2. 建筑装饰装修

建筑装饰装修是指为保护建筑物的主体结构、完善建筑物的使用功能和美化建筑物，采用装饰装修材料或饰物，对建筑物的内外表面及空间进行的各种处理过程。

国家标准《建筑装饰装修工程质量验收标准》GB 50210-2018 将几种习惯性叫法"建筑装饰"、"建筑装修"、"建筑装潢"进行整合规范，统一命名为"建筑装饰装修"。

3. 建筑装饰装修的内容

《建筑工程施工质量验收统一标准》GB 50300-2013 中，将建筑装饰装修分部工程划分为 14 个子分部工程：地面、抹灰、门窗、吊顶、轻质隔墙、饰面板、饰面、涂饰、裱糊与软包、外墙防水、细部、金属幕墙、石材与陶板幕墙、玻璃幕墙。

1.1.2 建筑装饰工程的分类

1. 按装饰部位分

（1）室内装饰包括顶棚、内墙面、柱面、楼面、地面、踢脚、墙裙、楼梯细部做法等。

（2）室外装饰包括外墙面、勒脚、壁柱、窗楣、窗台、腰线、阳台、雨罩、屋檐、女儿墙、压顶等。

2. 按施工先后分

（1）一次装修指与土建工程结合在一起的一般装修。

（2）二次装修指土建工程以后的对建筑物进行一系列高级装饰，包括饰面、空间、家具、灯光、音响、园林小景、字画、空调等。

3. 按装饰材料分

（1）灰浆类

如水泥砂浆、混合砂浆、石灰砂浆等。用于内外墙面、楼地面、顶棚等一般装修。

（2）水泥石渣材料类

如水刷石、干粘石、剁斧石、水磨石等。除水磨石主要用于地面外，多用于一般的外墙面装饰。

（3）各种天然、人造石材类

如天然大理石、天然花岗岩、青石板、人造大理石、人造花岗岩、预制水磨石、釉面砖、外墙面砖、玻璃锦砖等。多用在内、外墙面和楼地面的装饰。

（4）各种卷材类

如纸壁纸、塑料壁纸、玻璃纤维贴墙布、无纺贴墙布、织锦缎等。多用在内墙面装饰，也用于顶棚装饰。

（5）各种涂料类

包括各种溶剂型涂料、乳液型涂料、水溶性涂料等。多用在内、外墙面和顶棚的装饰。

（6）各种罩面板材类

主要指各种木质胶合板、铝合金板、不锈钢板、镀锌彩板、铝塑板、石膏板、水泥石棉板、玻璃及各种复合贴面板等。它多用于内、外墙面及顶棚的装饰。

1.1.3 建筑装饰的等级

建筑装饰装修的等级一般按建筑物的类型、建筑等级、使用性质和功能特点等因素来确定，可分为三级。

一级：高级宾馆、别墅、纪念性建筑、大型博览建筑、大型体育建筑、

3

一级行政机关办公楼、市级商场。

二级：科研建筑、高教建筑、普通博览建筑、普通观演建筑、普通交通建筑、普通体育建筑、广播通信建筑、医疗建筑、商业建筑、旅馆建筑、中级居住建筑。

三级：中小学和托幼建筑、生活服务建筑、普通行政办公楼、普通居住建筑。

项目 1.2　建筑装饰工程施工的作用、任务和特点

1.2.1　建筑装饰工程的作用

1. 保护建筑结构

建筑装饰采用现代装饰材料及科学合理的施工工艺，对建筑结构进行有效的包覆施工，使其免受风吹雨打湿气侵袭、有害介质的腐蚀以及机械作用的伤害等，从而起到保护建筑结构，增强耐久性，并延长建筑物使用寿命的作用。

2. 满足使用功能

改善和提高建筑物的围护功能，满足建筑物的使用要求。例如：提高保温隔热效果，防潮、防水性能，增加室内采光亮度，隔声吸声，内外整洁。

3. 美化空间环境

建筑装饰对于改善建筑内外空间环境具有显著的作用。建筑装饰施工具有综合艺术的特点。其艺术效果和所形成的氛围，强烈而深刻地影响着人们的审美情趣，甚至影响人们的意识和行为。一个成功的装饰，可使建筑获得理想的艺术价值而富有永恒的魅力。建筑装饰造型的优美，色彩的华丽或典雅，材料或饰面的独特，质感和纹理、装饰线脚与花饰图案的巧妙处理，细部构件的体型、尺度、比例的协调把握，是构成建筑艺术和美化环境的主要内容。这些都要通过装饰施工来实现。同时，通过装饰施工对建筑空间的合理规划与艺术分隔，配以各类装饰和家具等，可进一步满足使用功能要求。

1.2.2　建筑装饰工程施工的任务

建筑装饰施工的任务就是借助于各种装饰材料的质感、纹理、色彩，采用先进的装饰施工工艺，遵循装饰工程的操作规程和国家的质量验收规范，按照设计和合同要求将建筑物的各立面和室内装扮得丰富多彩，达到保证装饰功能需要，符合业主对工程施工质量、工期、费用、环保等方面的要求，从而满足人们的生活需要和精神需求。

1.2.3　建筑装饰工程施工的特点

1. 工程量大

表现在量大、面广、项目繁多。平均每平方米的建筑面积就有 $3 \sim 5m^2$ 的内抹灰，$0.15 \sim 1.3m^2$ 的外墙，高档次建筑装饰量更大。

2. 施工工期长

建筑装饰工程施工的工期一般占总工期的 $30\% \sim 40\%$，高级装饰占总工期的 $50\% \sim 60\%$。

3. 耗用劳动量大

建筑装饰工程施工耗用的劳动量一般占建筑工程施工总劳动量的 30% 左右。

4. 占建筑总造价的比例较高

建筑装饰工程的造价一般占总造价的 30% 以上，高档装饰则超过 50%。

5. 材料、工艺更新速度快

新材料的不断研制开发，一方面推动装饰技术进步，另一方面也要求从业者不断更新知识，适应发展。

项目 1.3 建筑装饰工程施工的基本方法及饰面做法的选择

1.3.1 建筑装饰施工的基本方法

近年来，我国的建筑装饰施工技术有了较快的发展。除了对传统施工方法的改进和提高外，新材料的新施工工艺、国外的一些现代新技术等也层出不穷，使建筑装修技术出现了 20 多种方法，如抹、嵌、钉、刻、挂、搁、卡、磨、抛、钻、绑、滚、压、印、涂、粘、喷、裱、弹、冲刷、砍剁、模塑等。

以上方法可分为 4 种类型，即现制法、粘贴法、装配法、综合法。

1. 现制法

现制法是指在现场制作成面、层效果的整体式装饰做法。它适用于各种水泥砂浆、水泥石子浆、装饰混凝土以及各种砂浆、石膏和涂料等。可以采用现制法的施工技术有抹、磨、滚、抛、刻、压、弹、印、冲刷、砍剁和模塑。

成型的方法可分手工成型和机械成型。手工成型方法是传统的较为简单的方法。机械成型方法是借助小型机械成型，能减轻劳动强度，提高施工质量。

2. 粘贴法

粘贴法是采用一定的胶凝材料将工厂预制的成品和半成品材料附加于建筑物之上的方法。采用此类方法的材料主要有墙纸、面砖、陶瓷锦砖、部分人造石材和木质饰面等。用于此类方法的施工技术有粘、贴、裱糊和镶嵌等。

3. 装配法

装配法是采用柔性或刚性连接方式，即可拆卸的（也有少数是不可拆除的）饰面做法。适用于此类方法的材料有铝合金扣板、压型钢板、异形塑料墙板，以及石膏板、矿棉保温板等，也包括一部分石材饰面和木质饰面所用的材料，如复合地板、活动地板。其常用的施工技术有钉、绑、搁、挂、卡等。

4. 综合法

综合法是指两种或两种以上不同类型的方法一起使用，以期取得某种特定的效果。其施工工艺比较复杂，难度大，技术水平高，要求施工人员熟练配合。

1.3.2 装饰饰面做法的选择

选择装饰饰面做法时应考虑的因素：

1. 确定装饰饰面的功能

在选择施工方法时，应根据建筑物的类型、使用性质、装饰的部位、环境条件以及人的活动与装饰部位间接触的可能性等各种因素来确定饰面处理的方法。

例如，在内墙面的装饰中，为了防止人的活动所引起的磨损，通常在一定高度上做护壁或墙裙。在离地面 200mm 的地方，容易碰撞，清理地面时易造成污染，一般用踢脚板做护板。

又如外墙面的装饰主面，既要符合城市规划，达到美化环境的目的，还要承担保护墙体、弥补墙体功能不足的要求。如果是高级装饰的室内地面，不仅要达到室内地面的基本要求，还应考虑行走舒服、保温等要求。

对于有落地镜面的墙面或人可以接触到的大型壁画，为避免接触部位损坏，通常采用在其前面设置水池或花坛等的方法来保护。

2. 确定装饰饰面的等级

根据建筑物的使用质量、所处城市规划中的位置及应控制的造价，来确定饰面处理的质量等级。质量等级是由两个方面来限定的，即材料的质量等级和装饰施工质量等级。

一般来说，在高级装饰工程中，可多选用一些高档装饰材料，并采用施工质量等级较高的做法。对于同一个高级装饰工程中一些较为次要的部位或人不可能接近的部位，在不影响装饰效果的前提下，可降低施工质量的等级。例如：体育馆等大型厅堂的顶棚装饰，由于在观众席上根本看不清顶棚的细节，因此可以降低板缝的误差要求。

3. 确定合理的耐久性能

建筑物的各个组成部分的耐久性并不一样。建筑物的主体结构是耐久的，基本上不用维修更新，而装饰工程，如门窗油漆、墙纸墙布等都要定期维修或更新，还要考虑合理的耐久性问题。如外墙饰面要考虑采用基本上不用维修的饰面做法，因为外墙维修费用大，短期的饰面剥落、污染，将影响整体美观。

4. 确定饰面的施工方法

饰面的施工方法有多种，如现制或预制、机械施工或人工操作，从目前的施工质量来看，采用小型机具施工的质量较好。而预制施工可缩短工期，质量有保证，操作方便，但造价高一些，所以不一定都采用预制施工。

5. 充分考虑施工的因素

工期长短、施工季节、施工时的温度、施工现场工作面的大小、施工人员的操作熟练程度、管理人员的管理素质、采用机具情况等因素，都对正确选择饰面做法有一定的影响。

项目 1.4　建筑装饰工程施工的顺序及规范体系

1.4.1　建筑装饰工程施工的顺序

装饰工程的施工顺序对施工质量起控制作用。

室外抹灰和饰面工程的施工，一般应自上而下进行；高层建筑采取措施后，可分段进行。

室内装饰工程的施工，应在屋面防水完工后，不致被后续工程损坏和污染的条件下进行；否则，必须做防护。室内吊顶、隔墙的罩面板和花饰等工程，应待室内地（楼）面湿作业完工后施工。

具体而言，室内装饰工程的施工顺序，应符合下列规定：

（1）隔墙、钢木门、窗框、暗装管道、电线管和电器预埋件、预制钢筋混凝土楼板灌缝完工后，进行抹灰、饰面、吊顶和隔断工程。

（2）钢木门窗及其玻璃工程，根据地区气候条件和抹灰工程的要求，可在湿作业前进行；铝合金、塑料、涂色镀锌钢板门窗及其玻璃工程，宜在湿作业完工后进行，否则，必须加强保护。

（3）有抹灰基层的饰面板工程、吊顶及轻型花饰安装工程，应待抹灰工程完工后进行。

(4) 涂料、刷浆工程以及吊顶、隔断、罩面板的安装，应在塑料地板、地毯、硬质纤维等地（楼）面的面层和明装电线施工前，管道设备试压后进行。应在裱糊工程完工后，进行地（楼）板面层的最后一遍涂料。

1.4.2 建筑装饰施工及验收的规范体系

为了提高建筑装饰施工技术水平，降低工程造价，保证工程质量，国家制定了一系列统一的施工及验收规范、标准，主要有：

(1)《建筑装饰装修工程质量验收标准》GB 50210–2018

(2)《玻璃幕墙工程技术规范》JGJ 102–2003

(3)《金属与石材幕墙工程技术规范》JGJ 133–2001

(4)《建筑地面工程施工质量验收规范》GB 50209–2010

(5)《住宅装饰装修工程施工规范》GB 50327–2001

(6)《建筑涂饰工程施工及验收规程》JGJ/T 29–2015

(7)《外墙饰面砖工程施工及验收规程》JGJ 126–2015

(8)《塑料门窗安装及验收规程》JGJ 103–2008

(9)《木结构工程施工质量验收规范》GB 50206–2012

(10)《建筑工程饰面砖粘结强度检验标准》JGJ/T 110–2017

(11)《建筑工程施工质量验收统一标准》GB 50300–2013

另外还有一些施工操作规程及地方性标准，如北京市地方标准《高级建筑装饰工程质量验收标准》DBJ/T 01-27–2003 等。

【能力测试】

1. 建筑装饰工程施工有什么特点？

2. 建筑装饰施工有哪些基本方法？

3. 在选择饰面做法时，应考虑哪几个方面的因素？

模块 2
墙面装饰工程施工

【模块概述】

墙面装饰工程施工，具有两个功能：一是防护功能，保护墙体不受风、雨、雪的侵蚀，增加墙面防水、防潮、防风化、隔热的能力，提高墙身的耐久性能、热工性能。二是美化功能，改善室内卫生条件，净化空气，美化环境，提高居住舒适度；延长使用年限，使建筑具有艺术性、适用性、舒适性、美观性。本模块主要学习墙面抹灰工程、墙面饰面砖镶贴工程、墙面饰面板安装工程、墙面涂饰工程及墙面裱糊工程等施工的工艺流程及操作要点。

【学习目标】

通过本模块的学习，你将能够：

1. 掌握墙面装饰工程施工的工艺流程及操作要点；

2. 会进行一般抹灰、装饰抹灰、饰面板（砖）、涂饰、外墙防水工程、裱糊工程施工；

3. 能对一般抹灰、装饰抹灰、饰面板（砖）、涂饰、外墙防水工程、裱糊工程检验批进行检查验收。

项目 2.1　墙面抹灰工程施工

【项目描述】

抹灰是将抹面砂浆涂抹在基底材料的表面而形成饰面的一种装饰施工方法。按抹灰的材料和装饰效果可分为一般抹灰和装饰抹灰。

【学习支持】

2.1.1　抹灰工程相关知识

2.1.1.1　墙面抹灰工程相关规范

（1）《建筑装饰装修工程质量验收标准》GB 50210-2018

（2）《住宅装饰装修工程施工规范》GB 50327-2001

（3）《建筑工程施工质量验收统一标准》GB 50300-2013

（4）《住宅室内装饰装修工程质量验收规范》JGJ/T 304-2013

（5）《外墙外保温工程技术标准》JGJ 144-2019

2.1.1.2　抹灰工程分类

按抹灰的材料和装饰效果可分为一般抹灰和装饰抹灰。

（1）一般抹灰是指用石灰砂浆、水泥砂浆、水泥混合砂浆、聚合物水泥砂浆、膨胀珍珠岩水泥砂浆和麻刀石灰、纸筋石灰、石灰膏等材料进行抹灰。

根据质量要求和主要工序的不同，一般抹灰分为普通抹灰和高级抹灰 2 个等级，见表 2-1。当设计无要求时，按普通抹灰验收。

一般抹灰的级别、适用范围和工序要求　　　　　　　　　　　　表 2-1

级别	适用范围	工序要求
高级抹灰	适用于大型公共建筑物、纪念性建筑物（如剧院、礼堂、宾馆、展览馆等）和高级住宅）以及有特殊要求的高级建筑等	一层底层、数层中层和一层面层。阴阳角找方，设置标筋，分层赶平、修整，表面压光。要求表面光滑、洁净，颜色均匀，线角平直、清晰、美观，接槎平整，无抹纹

续表

级别	适用范围	工序要求
普通抹灰	适用于一般居住、公用和工业建筑（如住宅、宿舍、教学楼、办公楼）、高级建筑物中的附属用房、简易住宅、大型设施和非居住性的房屋（如汽车库、仓库、锅炉房）以及建筑物中的地下室、储藏室等	一层底层、一层中层和一层面层。阳角找方，设置标筋，分层赶平、修整，表面压光。要求表面洁净，线角顺直、清晰，接槎平整

（2）装饰抹灰

装饰抹灰按所使用的材料、施工方法和表面效果可分为水刷石、干粘石、斩假石、假面砖及喷涂、弹涂、滚涂、彩色抹灰等。

2.1.1.3 抹灰层的组成

1. 抹灰层的组成、作用及做法

抹灰施工应分层操作，可分为底层、中层和面层，如图 2-1 所示。

（1）底层

主要起与基体粘结和初步找平作用，厚度一般为 5 ~ 9mm。

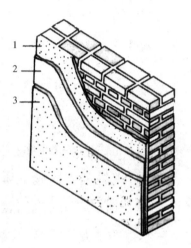

图 2-1 一般抹灰
1—底层；2—中层；3—面层

底层所用材料，依基层材料和使用要求不同进行选用：

◆ 砌体基层：可选用石灰砂浆、水泥混合砂浆；

◆ 有防潮防水要求的基层：选用水泥砂浆；

◆ 混凝土基层：选用水泥混合砂浆或水泥砂浆；

◆ 木板条基层：选用纸筋灰、麻刀灰或玻璃丝灰。

因基层吸水性强，故底层砂浆的稠度应较大，一般为 100 ~ 200mm。

（2）中层

主要起找平作用，厚度一般为 5 ~ 12mm，所用材料基本上与底层相同，但稠度可小一些，一般为 70 ~ 80mm。

（3）面层

主要起装饰作用，厚度由面层使用材料不同而异：麻刀石灰罩面，厚度不大于 3mm；纸筋灰或石膏灰罩面，厚度不大于 2mm；水泥砂浆面层和装饰面层不大于 10mm。砂浆稠度为 100mm 左右。

2. 抹灰层的总厚度

（1）抹灰层的平均总厚度（控制总厚度主要是为了防止抹灰层脱落）

◆ 内墙：普通抹灰不得大于 20mm，高级抹灰不得大于 25mm；

◆ 外墙抹灰：墙面不得大于 20mm，勒脚及突出墙面部分不得大于 25mm；

◆ 顶棚抹灰：当基层为板条、空心砖或现浇混凝土时不得大于 15 mm，预制混凝土不得大于 18 mm，金属网顶棚抹灰不得大于 20mm。

当抹灰总厚度大于或等于 35mm 时，应采取加强措施（采用钢丝网、玻璃纤维布等）。

（2）抹灰层每层的厚度要求

水泥砂浆每层宜为 5 ~ 7mm，水泥混合砂浆和石灰砂浆每层厚度宜为 7 ~ 9mm。面层抹灰经过赶平压实后的厚度，麻刀灰不得大于 3mm，纸筋灰、石膏灰不得大于 2mm。

2.1.1.4 抹灰工程常用材料

在抹灰工程中，常用材料如表 2-2 所示。

常用抹灰材料　　　　　　　　　表 2-2

项次	类别		材料名称	用途
1	胶凝材料	水硬性	通用水泥、膨胀水泥、白水泥、彩色水泥	（1）砂浆本身的胶凝固结；（2）砂浆与砌体基层、砂浆之间牢固凝结
		气硬性	建筑石灰、建筑石膏等	
2	骨料		普通砂、米粒石、色石碴、瓷粒、蛭石、珍珠岩	（1）起骨架作用；（2）增加立面装饰使用效果
3	纤维材料		麻刀、纸筋、草秸、玻璃丝等	加强抹灰砂浆整体性；抹灰层不易开裂、脱落
4	颜料		着色颜料、防锈颜料、体质颜料（填充颜料）	使表面抹灰有各种色彩，达到装饰效果
5	胶结料		聚乙烯醇（108 胶）、聚醋酸乙烯乳液（白乳胶）等	（1）加强砂浆本身强度；（2）增强各抹灰层间粘结力
6	憎水剂掺合料		有机硅憎水剂等	（1）增强装饰面的耐水性及防水性；（2）耐污染

2.1.1.5　抹灰工程常用工具

抹灰工程常用工具包括手工工具和机械设备。

（一）常用手工工具

抹灰常用手工工具如图 2-2 所示。

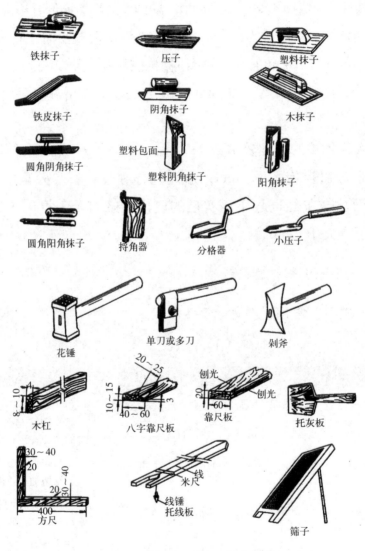

铁抹子　　压子　　塑料抹子

铁皮抹子　　阴角抹子　　木抹子

圆角阴角抹子　　塑料包面　　阳角抹子
塑料阴角抹子

圆角阳角抹子　　捋角器　　分格器　　小压子

花锤　　单刀或多刀　　剁斧

木杠　　八字靠尺板　　靠尺板　　托灰板

方尺　　米尺　　线锤　　托线板　　筛子

图 2-2　常用手工抹灰工具（mm）

1. 抹子

抹灰用各种抹子。①方头铁抹子：用于抹灰。②圆头铁抹子：用于压光罩面灰。③木抹子：用于搓平底灰和搓毛砂浆表面。④阴角抹子：用于压光阴角。⑤圆弧阴角抹子：用于有圆弧阴角部位的抹灰面压光。⑥阳角抹子：用于压光阳角。

2. 木制工具

（1）托灰板：用于操作时承托砂浆。

（2）木杠：分为长、中、短 3 种。长杠（长 250 ~ 350cm），用于冲筋；中杠（长 200 ~ 250cm）和短杠（长 150cm 左右）用于各平抹层。木杠的断面一般为矩形。

（3）八字靠尺：用做棱角的标尺，其长度按需要截取。

（4）钢筋卡子：用于卡紧八字靠尺或靠尺板，常用 $\phi 6 ~ \phi 8$ 的钢筋制成，尺寸视需要而定。

（5）靠尺板：一般用于抹灰线，长约 300 ~ 350cm，断面为矩形，要求双面刨光。靠尺板分厚薄两种，薄板多用做棱角。

（6）分格条：用于分格缝和滴水槽，断面呈梯形，断面尺寸及长度视需要而定。

（7）托线板和线锤：主要用于测量立面和阴阳角的垂直度，常用规格为 $1.5cm \times 12cm \times 200cm$，板中间有一条标准线。

3. 刷子等其他工具

（1）长毛刷：用于室内外抹灰洒水。

（2）猪鬃刷：用于刷洗水刷石、拉毛灰。

（3）鸡腿刷：用于长毛刷刷不到的地方，如阴角部位等。

（4）钢丝刷：用于清刷基层。

（5）茅草帚：用于木抹子搓平时洒水。

（6）小水桶：常用油漆桶去盖代用或以铁皮制作，主要用于施工时盛水。

（7）喷壶：洒水用。

（8）水壶：浇水用。

（9）粉线包：用于弹水平线和分格线等。

（10）墨斗：用于弹线。

（二）常用机械设备

（1）砂浆搅拌机：搅拌砂浆用，常用规格有 200L 和 325L 两种。

（2）纸筋灰搅拌机：用于搅拌纸筋石灰膏、玻璃丝石灰膏或其他纤维石灰膏。

（3）粉碎淋灰机：用于淋制抹灰砂浆用的石灰膏。

（4）喷浆机：用于喷水或喷浆，有手压和电动两种。

2.1.1.6　抹灰工程施工的顺序

1. 抹灰工程施工的一般顺序

抹灰工程施工的一般顺序为：先外墙后内墙，先上后下，先顶棚、墙面后地面。

2. 外墙抹灰顺序

外墙抹灰应先上部，后下部，先檐口，再墙面。即：屋檐→阳角线→台口线→窗→墙面→勒脚→散水坡→明沟。

高层建筑应按一定层数划分 1 个施工段，垂直方向控制用经纬仪代替垂线，水平方向拉通线。

大面积的外墙可分片同时施工，如 1 次抹不完，可在阴阳交接处或分格线处间断施工。

3. 内墙抹灰顺序

内墙抹灰应在屋面防水工程完工后，且无后续工程损坏和玷污的情况下进行，其顺序为：房间（顶棚→墙面→地面）→走廊→楼梯→门厅。

【任务实施】

2.1.2　内墙一般抹灰工程施工

2.1.2.1　内墙抹灰的作业条件

（1）屋面防水或上层楼面面层已经完成，不渗不漏。

（2）主体结构已经检查验收并达到相应要求，门窗和楼层预埋件及各种管道已安装完毕（靠墙安装的暖气片及密集管道房间，则应先抹灰后安装）并检查合格。

（3）高级抹灰环境温度一般应不低于 5℃，中级和普通抹灰环境温度应不低于 0℃。

2.1.2.2 材料准备

（1）胶凝材料：①通用水泥，水泥强度大于 32.5 级；②石灰膏。陈伏期（即熟化期）要大于 15d，用于罩面的大于 30d。

（2）细骨料：普通砂、中砂或中粗砂，使用前必须过筛。

（3）纤维材料：麻刀、纸筋、玻璃丝等。

（4）有机聚合物：108 胶。

2.1.2.3 工艺流程

基层处理→弹准线→做灰饼→冲标筋→阴阳角找方→做护角→底层及中层抹灰→抹窗台板、墙裙或踢脚板→面层抹灰（罩面灰）

2.1.2.4 操作要点

1. 基层处理

（1）将砖石、混凝土和加气混凝土基层表面的灰尘、污垢、油渍清理干净，并填实各种网眼，抹灰前 1 天浇水湿润基体表面。

（2）基体为混凝土、加气混凝土、灰砂砖和煤矸石砖时，在湿润的基体表面还需要刷掺有 108 胶的水泥浆 1 道，从而封闭基体的毛细孔，使底灰不至于早期脱水，增强基体与底层的粘结力。

（3）墙面的脚手架孔洞应堵塞严密；水暖、通风管道的墙洞及穿墙管道必须用体积比 1∶3 的水泥砂浆堵严。

（4）不同基体材料相接处铺设金属网，铺设宽度以缝边起每边不得小于 100mm，如图 2-3 所示。

2. 弹准线

将房间用方尺规方，小房间可用一面墙作基线；大房间或有柱网时，应在地面上弹十字线，在距墙阴角 100mm 处用线锤吊直，弹出竖线后，再按规方地线及抹面平整度向里反弹出墙角抹灰准线，并在准线上下两端打上铁钉，挂上白线，作为抹灰饼、冲筋的标准。

3. 做灰饼

用托线板全面检查墙体表面的垂直平整度，根据实际平整度及抹灰总的平均厚度决定墙面抹灰厚度。在距顶棚约200mm高度，距墙两边阴角100～200mm处，用底层抹灰砂浆（也可以用体积比1：3的水泥砂浆或1：3：9的水泥混合砂浆）各做1个灰饼，厚度为抹灰层厚度（一般为10～15mm），大小50mm见方。以这两个灰饼为依据，再用托线板靠、吊垂直确定墙下部对应的两个灰饼的厚度，其位置在踢脚板上口，使上下两个灰饼在1条垂直线上。灰饼做好后，再在灰饼附近墙面钉上钉子，拉水平通线，然后按间距1.2～1.5 m加做若干灰饼，如图2-4所示。凡窗口、垛角处必须做灰饼。

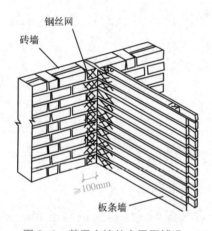

图2-3　基层交接处金属网铺设

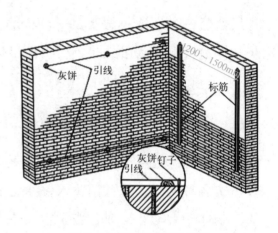

图2-4　灰饼标筋位置示意

4. 冲筋（标筋）

在两个灰饼之间抹出1条长形灰埂，宽度10mm，厚度与灰饼相平。

5. 做护角

采用体积比1：2的水泥砂浆做护角（室内墙面、柱面、门洞口的阳角），护角高度不应低于2m，护角每侧宽度不小于50mm，如图2-5所示。

6. 抹底层和中层灰（当要求抹灰层具有防水、防潮功能时，应采用防水砂浆）

将砂浆抹于墙面两标筋之间，底层低于标筋，等收水（水泥初凝时间）后再进行中层抹灰，其厚度以垫平标筋为准，并略高于标筋；中层砂浆抹完后，用中、短木杠按标筋刮平，如图2-6所示；局部凹陷处补平，直到普遍平直为止；再用木抹子搓磨 1 遍，使表面平整密实。墙的阴角，先用方尺上下核对方正，然后用阴角器扯平，使室内四角方正。

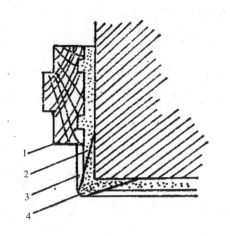

图 2-5　护角示意

1—窗口；2—墙面抹灰；3—面层；4—水泥砂浆护角

图 2-6　刮杠示意

7. 面层抹灰（当要求抹灰层具有防水、防潮功能时，应采用防水砂浆）

待中层抹灰砂浆 6 ~ 7 成干后（一般是在第 2 天，习惯上认为隔 1 夜），用钢皮抹子或塑料抹子，2 遍成活，厚度 2 ~ 3mm；一般由阴角或阳角开始，自左向右进行，2 人配合操作，1 人先竖向抹 1 层，另 1 人再横向抹第 2 层（反之亦可）；抹平后，要压光、溜平。再用排笔或扫帚蘸水横扫 1 遍，使表面色泽一致，最后用钢皮抹子压实、揉平、抹光 1 次，使表面层更细腻光滑。

8. 养护

罩面灰完成 24h 后，覆盖洒水养护，防止砂浆干缩开裂；养护时间不少于 7d，使抹灰层始终处于潮湿状态；冬期施工（连续 5 天平均气温低于 5℃）要有保温措施。

【任务实施】

2.1.3　外墙一般抹灰工程施工

2.1.3.1　外墙抹灰的作业条件

（1）主体结构施工完毕，外墙所有预埋件、嵌入墙体内的各种管道已安装完毕，阳台栏杆已装好。

（2）门窗安装合格，框与墙间的缝隙已经清理，并用砂浆分层分遍堵塞严密。

（3）大板结构外墙面接缝防水已处理完毕。

（4）砖墙凹凸过大处已用体积比1：3的水泥砂浆填平或已剔凿平整，脚手孔洞已经堵严填实，墙面污物已经清理，混凝土墙面光滑处已经凿毛。

（5）加气混凝土墙板经清扫后，用水泥砂浆掺10%的108胶水刷1遍。

（6）脚手架已搭设。架子离墙200～300mm，以便于操作。

2.1.3.2 工艺流程

基层处理→浇水湿润基层→找规矩、做灰饼、冲标筋→抹底层、中层灰→弹分格线、嵌分格条→抹面层灰→起分格条→养护

一般抹灰工程施工工艺

2.1.3.3 操作要点

1. 基层处理

（1）基层表面的灰尘、污垢、油渍、碱膜、沥青渍、粘结砂浆等均应清除干净。

（2）混凝土墙、混凝土梁头的光滑表面应先凿毛，再做抹灰处理。

（3）抹灰前还应对墙体浇水湿润。

2. 找规矩

外墙面抹灰与内墙抹灰一样，需要挂线做灰饼、标筋。但因外墙面由檐口到地面，抹灰看面大，门窗、阳台、明柱和腰线等看面都要横平竖直，而抹灰操作则必须1步架1步架地往下抹。因此，外墙抹灰找规矩要在四角先挂好自上而下的垂直通线（多层及高层房屋，应用钢丝线垂下）；然后根据大致确定的抹灰厚度，在每步架的大角两侧弹上控制线，再拉水平通线，并弹水平线做灰饼，竖向每步架做1个灰饼，然后做标筋，如图2-7所示。

图2-7 挂垂线找规矩操作示意

3. 做灰饼、冲标筋

方法同内墙抹灰。

4. 抹底层、中层灰

外墙抹灰层要求有一定的防水性能。若为水泥混合砂浆，配合比（体积比）为水泥：石灰：砂 =1 ∶ 1 ∶ 6；如为水泥砂浆，配合比（体积比）为水泥：砂 =1 ∶ 3。

具体做法是：在提前润湿的墙面上，用力将底层灰压入两冲筋之间墙面基层表面内的各缝隙内，底层灰要低于冲筋，厚度一般为冲筋厚度的 2/3，并用木抹子压实搓毛。待底层灰收水并具有一定强度后，再抹中层灰，厚度略高于冲筋，然后用木杆自下而上刮平，最后用木抹子刮平压实，扫毛，浇水养护。

5. 弹分格线、粘分格条

待中层灰 6 ~ 7 成干后，按要求弹分格线。分格条为梯形截面，浸水湿润后两侧用黏稠的素水泥浆与墙面抹成 45°角粘接。嵌分格条时，应注意横平竖直，接头平直。如当天不抹面层灰，分格条两边的素水泥浆应与墙面抹成 60°角，如图 2-8 所示。

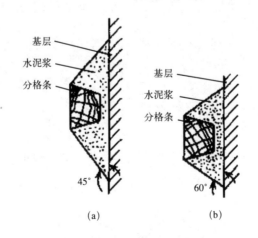

图 2-8 分格条两侧斜角示意
（a）当日起条者做 45°角；（b）"隔夜条"做 60°角

6. 抹面层灰

面层抹灰操作一般使用钢皮抹子，两遍完成。第1遍先用体积比 1：2.5 的水泥砂浆薄薄刮 1 遍；抹第 2 遍时，与分格条抹齐平，然后按分格条厚度刮平、搓实、压光，再用刷子蘸水按同一方向轻刷 1 遍，以达到颜色一致，并清刷分格条上的砂浆，以免起条时损坏墙面。

7. 做滴水

窗台、雨篷、压顶、檐口等部位，应先抹立面，后抹顶面，再抹底面。顶面应抹出流水坡度，底面外沿边应做出滴水线槽，滴水线槽一般深度和宽度大于 10mm，如图 2-9 所示。窗台上面的抹灰层应伸入窗框下坎的裁口内，堵塞密实。

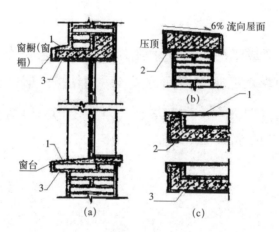

图 2-9　滴水槽（线）、流水坡度示意
(a) 窗台；(b) 女儿墙；(c) 雨篷、阳台、檐口
1—流水坡度；2—滴水线；3—滴水槽

8. 起分格条

将小铁皮嵌入分格条内，适度用力摇动，使分格条与面灰分离。起隔夜分格条时，应待面层达到一定强度后起出，并随即用水泥浆把缝勾填齐。

9. 养护

罩面灰完成 24h 后，覆盖洒水养护，防止砂浆干缩开裂；养护时间不少于 7d，使抹灰层始终处于潮湿状态；冬期施工（连续 5 天平均气温低于 5℃）要有保温措施。

2.1.3.4 一般抹灰工程施工质量检测及验收

一般抹灰工程分为普通抹灰和高级抹灰,当设计无要求时,按普通抹灰验收。

1. 检验批的划分及检查数量

(1) 各分项工程的检验批应按下列规定划分:

相同材料、工艺和施工条件的室外抹灰工程每 500 ~ 1000m² 应划为 1 个检验批,不足 500m² 也应划为 1 个检验批。

相同材料、工艺和施工条件的室内抹灰工程每 50 个自然间(大面积房间和走廊按抹灰面积 30m² 为 1 间)应划分为 1 个检验批,不足 50 间也应划分为 1 个检验批。

(2) 检查数量应符合下列规定:

室内每个检验批应至少抽查 10%,并不得少于 3 间;不足 3 间时应全数检查;室外每个检验批每 100m² 应至少抽查 1 处,每处不得小于 10m²。

2. 主控项目

(1) 抹灰前基层表面的尘土、污垢、油渍等应清除干净,并应洒水润湿。

检验方法:检查施工记录。

(2) 一般抹灰所用材料的品种和性能应符合设计要求。水泥的凝结时间和安定性复验应合格。砂浆的配合比应符合设计要求。

检验方法:检查产品合格证书、进场验收记录、复验报告和施工记录。

(3) 抹灰工程应分层进行。当抹灰总厚度大于或等于 35mm 时,应采取加强措施。不同材料基体交接处表面的抹灰,应采取防止开裂的加强措施,当采用加强网时,加强网与各基体的搭接宽度不应小于 100mm。

检验方法:检查隐蔽工程验收记录和施工记录。

(4) 抹灰层与基层之间及各抹灰层之间必须粘结牢固,抹灰层应无脱层、空鼓,面层应无爆灰和裂缝。

检验方法:观察;用小锤轻击检查;检查施工记录。

3. 一般项目

(1) 一般抹灰工程的表面质量应符合下列规定:

◆ 普通抹灰表面应光滑、洁净，接槎平整，分格缝应清晰。

◆ 高级抹灰表面应光滑、洁净、颜色均匀、无抹纹，分格缝和灰线应清晰美观。

检验方法：观察；手摸检查。

（2）护角、孔洞、槽、盒周围的抹灰表面应整齐、光滑；管道后面的抹灰表面应平整。

检验方法：观察。

（3）抹灰层的总厚度应符合设计要求；水泥砂浆不得抹在石灰砂浆层上；罩面石膏灰不得抹在水泥砂浆层上。

检验方法：检查施工记录。

（4）抹灰分格缝的设置应符合设计要求，宽度和深度应均匀，表面应光滑，棱角应整齐。

检验方法：观察；尺量检查。

（5）有排水要求的部位应做滴水线（槽）。滴水线（槽）应整齐顺直，滴水线应内高外低，滴水槽宽度和深度均不应小于10mm。

检验方法：观察；尺量检查。

（6）一般抹灰工程质量的允许偏差和检验方法应符合表2-3的规定。

一般抹灰的允许偏差和检验方法 　　　　　　　　　　　　　表 2-3

项次	项目	允许偏差（mm）		检验方法
		普通抹灰	高级抹灰	
1	立面垂直度	4	3	用2m垂直检测尺检查
2	表面平整度	4	3	用2m靠尺和塞尺检查
3	阴阳角方正	4	3	用直角检测尺检查
4	分格条（缝）直线度	4	3	拉5m线，不足5m拉通线，用钢直尺检查
5	墙裙、勒脚上口直线度	4	3	拉5m线，不足5m拉通线，用钢直尺检查

注：1. 普通抹灰，第3项阴角方正可不检查；

2. 顶棚抹灰，第2项表面平整度可不检查，但应平顺。

【知识拓展】

【工程案例】一般抹灰工程检验批质量验收记录表（表2-4）

×× 工程一般抹灰工程检验批质量验收记录表　　　　表 2-4

GB 50210-2018　　　　　　　　　　　　　　　　030201 0̄8̄

单位（子单位）工程名称			×××人民医院门诊住院综合楼		
分项工程名称			一般抹灰（普通）	验收部位	六层内墙、6—13 轴 /A—E 轴
施工单位			×××建筑安装有限责任公司	项目经理	×××
分包单位			/	分包项目经理	/
施工执行标准名称及编号			《建筑装饰装修工程质量验收标准》GB 50210-2018		

			施工质量验收规范的规定		施工单位检查评定记录											监理（建设）单位验收记录
主控项目	1		基层表面	第4.2.2条	基层表面无油污、尘土，洒水湿润											符合设计（文件）及施工质量验收规范要求，同意验收
	2		材料品种和性能	第4.2.3条	符合设计要求											
	3		操作要求	第4.2.4条	抹灰层厚度及其防裂措施符合设计规范规定											
	4		层粘结及面层质量	第4.2.5条	经观察和小锤锤击检查，无脱层、空鼓，符合规范规定要求											
一般项目	1		表面质量	第4.2.6条	符合设计及规范规定											符合设计（文件）及施工质量验收规范要求，同意验收
	2		细部质量	第4.2.7条	符合设计要求及规范规定											
	3		层与层间材料要求及层总厚度	第4.2.8条	符合设计要求及规范规定											
	4		分格缝	第4.2.9条	分格缝宽度、深度均匀，表面光滑、棱角整齐											
	5		滴水线（槽）	第4.2.10条	/											
	6	允许偏差（mm）	立面垂直度	✓普通抹灰 4	高级抹灰 3	2	4	△5	3	2	2	3	4	3	2	
			表面平整度	✓普通抹灰 4	高级抹灰 3	3	3	2	4	4	3	4	3	2	1	
			阴阳角方正	✓普通抹灰 4	高级抹灰 3	1	3	4	2	2	2	3	3	4	
			分格条（缝）直线度	✓普通抹灰 4	高级抹灰 3	2	4	3	1	1	4	3	3	4	
			墙裙、勒脚上口直线度	✓普通抹灰 4	高级抹灰 3	3	2	3	3	4	4	4	1	4	

续表

专业工长（施工员）	×××	施工班组长	×××
施工单位检查评定结果	主控项目、一般项目全部合格，符合设计及施工质量验收规范要求，合格。 项目专业质量检查员：×××　　　　　　　　　××××年××月××日		
监理（建设）单位验收结论	同意验收。 专业监理工程师：××× （建设单位项目专业技术负责人）：×××　　　××××年××月××日		

注：1. 定性项目符合要求打√；

2. 定量项目加○表示超出企业标准，加△表示超出国家标准；

3. 最多不超过20%的检查点可以超过允许偏差值，但也不能超过允许偏差值的150%；

4. 检验批表格右上角数字的含义：03表示第3分部——建筑装饰装修；02表示第2子分部工程——抹灰；01表示第1分项工程——一般抹灰；08表示第8个检验批。

【任务实施】

2.1.4　墙面装饰抹灰工程施工

装饰抹灰是指利用材料特点和工艺处理，使抹灰面具有不同的质感、纹理及色泽等装饰效果。根据罩面材料的不同，装饰抹灰可分为砂浆类装饰抹灰、石粒类装饰抹灰等。

石粒类装饰主要用于外墙，它靠石粒的本色和质感来达到装饰目的，具有色泽明亮、质感丰富和耐久性好等特点，主要材料有水刷石、干粘石、斩假石等。砂浆类装饰抹灰主要有假面砖等。

2.1.4.1　水刷石饰面层施工

将水泥石渣浆涂抹在基面上，待水泥浆初凝后，以毛刷蘸水刷洗或用喷枪以一定水压冲刷表层水泥浆皮，使石渣半露出来，达到装饰效果。水刷石浪费水资源，对环境有污

装饰抹灰工程施工工艺

染，应尽量减少使用。

1. 施工前准备

（1）材料准备

◆ 通用水泥、石灰、石膏，同一般抹灰。

◆ 白水泥、彩色水泥主要用于配制各种彩色水泥石子浆。

◆ 彩色石碴，俗称石粒、石米，是由天然大理石、白云石、方解石、花岗岩破碎加工而成。石碴的规格见表 2-5。

◆ 颜料：在装饰抹灰中，通常采用碱性和耐光性好的矿物颜料。

彩色石碴的规格　　　　　　　　　　　　　　　　　　　　　表 2-5

俗称	大二分	一分半	大八厘	中八厘	小八厘	米粒石
粒径（mm）	约20	约15	约8	约6	约4	2～4

（2）机具准备

喷枪、喷浆机以及手工工具。

2. 工艺流程

水泥砂浆中层验收→弹线、贴分格条→抹面层水泥石子浆→刷洗面层→起分格条、浇水养护

3. 施工要点

（1）分格弹线、贴分格条

按设计要求和施工分段位置弹出分格线。粘贴分格条方法同外墙一般抹灰。

（2）抹面层水泥石子浆

◆ 待中灰层 7～8 成干时，对中层适当浇水湿润，再用体积比 1：0.4 的水泥净浆满刮 1 道，即可抹水泥石子浆。抹石子浆时，每个分格自下而上用铁抹子 1 次抹完揉平，然后用直尺检查，要求表面平整密实。

◆ 石子浆面层稍收水后，用铁袜子把石子浆满压 1 遍，把露出的石子尖棱拍平，其目的是通过拍打过程，使石子大面朝外，达到表面排列紧密均匀的效果。

◆ 抹阳角时，先抹的一侧不宜用八字靠尺，而是将石子浆稍抹过转

角，然后再抹另一侧。抹另一侧时用八字靠尺将角靠直找齐。这样可避免因两侧用八字靠尺而在阳角处出现明显的接槎。

（3）刷洗面层

水泥石子浆开始初凝时，表面略发黑，手指按上去无指痕，用刷子刷石粒不掉时，开始喷刷。

共分两次喷刷。第 1 次用软毛刷蘸水刷掉水泥表皮，露出石粒。第 2 次用喷浆机将四周相邻部位喷湿，然后由上向下喷水。喷水要均匀，喷头离墙 100 ~ 200mm。不仅要把表面的水泥浆冲掉，而且要使石粒外露表面 1/2 粒径，达到石粒清晰可见，分布均匀，色泽一致，然后用清水从上往下全部冲净。

如果面层过了喷刷时间，表面水泥已结硬，可用 3% ~ 5% 稀盐酸溶液洗刷，再用水彻底冲洗干净。

（4）起分格条

喷刷后，即可用抹子柄敲击分格条，并用小鸭嘴抹子扎入分格条上下活动，轻轻起出。再用小线抹子抹平，用鸡腿刷刷光理直缝角，并用素水泥浆补缝做凹缝及上色。

（5）养护

勾缝后 24h 洒水养护，养护时间不少于 7d。

2.1.4.2 干粘石饰面层施工

干粘石又称甩石子，是将石碴、彩色石子等粘在水泥砂浆粘结层上，再拍平压实而成的饰面。石粒的 2/3 应压入粘结层内，要求石子粘牢，不掉粒且不露浆。

干粘石饰面施工工艺：

（1）抹粘结层砂浆

为保证粘结层粘石质量，抹灰前应用水湿润墙面，粘结层厚度由所使用石子的粒径确定，抹灰时如果底面干得过快应补水湿润，然后再抹粘结层；抹粘结层宜采用 2 遍成活，第 1 遍用同强度等级水泥素浆薄刮 1 遍，保证结合层粘牢，第 2 遍抹聚合物水泥砂浆；然后用靠尺检查，严格按照高刮低添的原则操作，否则，易使面层出现大小波浪使表面不平整而影响美观。在抹粘结层时宜使上下灰层厚度不同，并不宜高于分格条，最好是在下部约 1/3 高度范围内比上面薄些；整个分格块面层比分格条低 1mm 左右，石子撒上压实后，不仅可保证平整度，使条边整齐，而且可避免下部出现鼓包皱皮。

（2）撒石粒（甩石子或用喷枪）

抹完粘结层后，紧跟其后一手拿装石子的托盘，一手用木拍板向粘结层甩粘石子。要求甩严、甩均匀，并用托盘接住掉下来的石粒，甩完后随即用钢抹子将石子均匀地拍入粘结层，石子嵌入砂浆的深度应不小于粒径的 1/2，并应拍实、拍严。操作时要先甩两边，后甩中间，从上至下快速、均匀地进行。甩出的动作应快，用力均匀，不使石子下溜，并应保证左右搭接紧密、石粒均匀。甩石粒时要使拍板与墙面垂直平行，让石子垂直嵌入粘结层内。如果甩石粒时偏上偏下、偏左偏右则施工效果不佳，石粒浪费也大；甩出用力过大，会使石粒陷入太紧，形成凹陷，用力过小则石粒粘结不牢，出现空白不易添补；动作慢则会造成部分不合格，修整后易出接槎痕迹和"花脸"。阳角部位甩石粒，可将薄靠尺粘在阳角一边，先做邻面干粘石，然后取下薄靠尺抹上水泥腻子，一手持短靠尺在已做好的邻面上，一手甩石子并用钢抹子轻轻拍平、拍直，使棱角挺直。

（3）拍平、修整、处理黑边

拍平、修整要在水泥初凝前进行，先拍压边缘，而后中间，拍压要轻、重结合、均匀一致。拍压完成后，应对已粘石面层进行检查，发现阴阳角不顺挺直，表面不平整，黑边等问题，要及时处理。

（4）起分隔条、勾缝

前道工序全部完成，检查无误后，随即将分格条、滴水线条取出。取分格条时要小心，防止将边棱碰损。分格条起出后用抹子轻轻地按一下干粘石面层，以防拉起面层，造成空鼓现象。待水泥达到初凝强度后，用素水泥膏勾缝。分格缝要保持平顺挺直、颜色一致。

（5）喷水养护

干粘石面层完成后常温 24h 后喷水养护，养护期不少于 2 ~ 3d。夏日阳光强烈，气温较高时，应适当遮阳，避免阳光直射，并适当增加喷水次数，以保证工程质量。

2.1.4.3 斩假石饰面层施工

斩假石又称剁斧石，是在水泥砂浆层上涂抹水泥石子浆，待硬化后，用剁斧、齿斧及各种凿子等工具剁出有规律的石纹，使其类似天然形态的人造假石饰面。其适用于外墙面、勒脚、室外台阶和地坪等建筑装饰工艺。

1. 施工准备

（1）材料准备

◆ 石米：采用 70% 粒径为 2mm 和 30% 粒径为 0.15 ～ 1.5mm 的白云石屑石米。

◆ 面层砂浆：水泥石子浆（水泥：石米 =1 ： 1.25 ～ 1.50）（体积比）。

（2）专用工具

斩假石采用的斧头工具如图 2-10 所示。

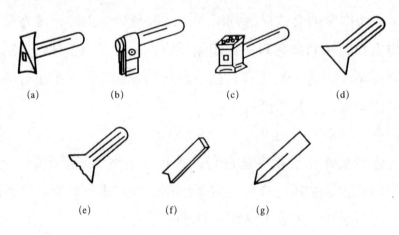

图 2-10　斩假石专用工具

(a) 剁斧；(b) 单刃或多刃；(c) 花锤；(d) 扁凿；(e) 齿凿；(f) 弧口凿；(g) 尖锥

2. 工艺流程

中层砂浆验收→弹线、粘贴分格条→抹面层石子浆→养护→斩剁→清理修补

3. 施工要点

（1）弹线、粘贴分格条

在凝固的底层灰上弹出分格线，洒水湿润，按分格线将木分格条用稠水泥浆粘贴在墙面上。

（2）抹面层石子浆并养护

分格条粘牢后，在各个分格区内刮 1 道水灰比（体积比）为 0.37 ~ 0.4 的素水泥浆（内掺水重 3% ~ 5% 的 108 胶），随即抹上体积比 1 ： 1.25 的水泥石子浆，并压实抹平。

抹完石子浆后，立即用软刷蘸水刷去表面的水泥浆，露出石米至均匀，24h 后洒水养护。

（3）斩剁

2 ~ 3d 后，即可试剁，以不掉石屑，容易剁痕，声响清脆为准。斩剁前应先弹顺线，相距约 100mm，按线操作，以免剁纹跑斜。

斩剁顺序：一般先上后下，先左后右，先剁转角和四周边缘，后剁中间。转角和四周的深度一般为 1/3 石米粒径。剁的方向应一致，剁纹要均匀，一般要斩剁 2 遍成活。已剁好的分格周围可起出分格条。

斩假石主要有棱点剁斧、花锤剁斧、立纹剁斧等装饰效果，如图 2-11 所示。

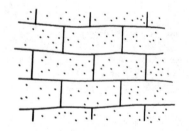

图 2-11 斩假石的几种不同效果示意

（4）清理：全部斩剁完成后，用水冲清扫斩假石表面。

2.1.4.4 假面砖饰面层施工

假面砖又称仿面砖，是在采用掺入氧化铁系颜料（红、黄）的水泥砂浆抹面上，用特制的铁钩和靠尺，按设计要求的尺寸进行分格划块，沟纹清晰，表面平整，酷似贴面砖饰面。

假面砖抹灰层由底层灰、中层灰、面层灰组成。底层灰宜用体积比 1 ： 3 的水泥砂浆，中层灰宜用体积比 1 ： 1 的水泥砂浆，面层灰宜用体积比5：1：9的水泥石灰砂浆（水泥：石灰膏：细砂），按色彩需要掺入适量矿物颜料，形成彩色砂浆。面层灰厚3～4mm。

待中层灰凝固后，洒水湿润，抹面层彩色砂浆，并压实抹平。待面层灰收水后，用铁梳或铁辊顺着靠尺由上而下划出竖向纹，纹深约1mm。竖向纹划完后，再按假面砖尺寸，弹出水平线，将靠尺靠在水平线上，用铁刨或铁勾顺着靠尺划出横向沟，沟深约3～4mm。全部纹、沟划好后，清扫假面砖表面（图2-12）。

2.1.4.5　装饰抹灰施工的质量标准及检验方法

1. 主控项目

（1）抹灰前基层表面的尘土、污垢和油渍等应清除干净，并应洒水润湿。

检验方法：观察；检查施工记录。

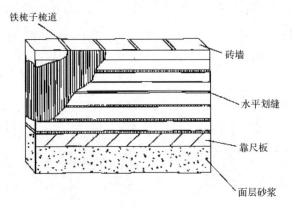

图2-12　假面砖操作示意

（2）装饰抹灰工程所用材料的品种和性能应符合设计要求。水泥的凝结时间和安定性复验应合格。砂浆的配合比应符合设计要求。

检验方法：检查产品合格证书、进场验收记录、复验报告和施工记录。

（3）抹灰工程应分层进行。当抹灰总厚度大于或等于35mm时，应采取加强措施。不同材料基体交接处表面的抹灰，应采取防止开裂的加强措施；当采用加强网时，加强网与各基体的搭接宽度不应小于100mm。

检验方法：检查隐蔽工程验收记录和施工记录。

（4）各抹灰层之间及抹灰层与基体之间必须粘接牢固，抹灰层应无脱层、空鼓和裂缝。

检验方法：观察；用小锤轻击检查；检查施工记录。

2. 一般项目

（1）装饰抹灰工程的表面质量应符合下列规定：

水刷石表面应石粒清晰、分布均匀、紧密平整、色泽一致，应无掉粒和接槎痕迹。

斩假石表面剁纹应均匀顺直、深浅一致，应无漏剁处；阳角处应横剁并留出宽窄一致的不剁边条，棱角应无损坏。

干粘石表面应色泽一致、不露浆、不漏粘，石粒应粘结牢固、分布均匀，阳角处应无明显黑边。

假面砖表面应平整、沟纹清晰、留缝整齐、色泽一致，应无掉角、脱皮、起砂等缺陷。

检验方法：观察；手摸检查。

（2）装饰抹灰分格条（缝）的设置应符合设计要求，宽度和深度应均匀，表面应平整光滑，棱角应整齐。

检验方法：观察。

（3）有排水要求的部位应做滴水线（槽）。滴水线（槽）应整齐顺直，滴水线应内高外低，滴水槽的宽度和深度均不应小于 10mm。

检验方法：观察；尺量检查。

（4）装饰抹灰工程质量的允许偏差和检验方法应符合表 2-6 的规定。

装饰抹灰工程质量的允许偏差和检验方法　　　　表 2-6

项次	项目	允许偏差（mm）				检验方法
		水刷石	斩假石	干粘石	假面砖	
1	立面垂直度	5	4	5	5	用 2m 垂直检测尺检查
2	表面平整度	3	3	5	4	用 2m 靠尺和塞尺检查
3	阴阳角方正	3	3	4	4	用直角检测尺检查
4	分格条（缝）直线度	3	3	3	3	拉 5m 线，不足 5m 拉通线，用钢直尺检查
5	墙裙、勒脚上口直线度	3	3	—	—	拉 5m 线，不足 5m 拉通线，用钢直尺检查

【知识拓展】

2.1.5 室内墙面抹灰分项工程施工方案

【工程案例】××人民医院门诊住院综合楼墙面抹灰分项工程施工方案

一、工程概况（表2-7）

工程概况   表2-7

序号	项目	内容
1	工程名称	××人民医院门诊住院综合楼
2	建设单位	××人民医院
3	设计单位	××建筑设计院
4	监理单位	××建设监理有限公司
5	监督单位	××质量监督站
6	施工单位	××建筑安装有限责任公司
7	结构形式	框架结构
8	建筑面积	15018.9m²
9	层数	9层
10	基础形式	筏形基础

二、施工安排

根据综合楼墙面抹灰分项工程的规模、特点、复杂程度及目标控制和公司的要求，在单位工程施工组织设计中设置了项目管理机构，各种专业人员配备齐全，建立健全了岗位责任制。

三、施工进度计划（略）

该综合楼工程施工进度计划内容全面、安排合理、科学，符合实际，在进度计划中应反映出各施工区段或各工序之间的搭接关系、施工期限和开始、结束时间；同时，施工进度计划体现和落实了总体进度计划的目标控制要求；工程进度计划与单位工程施工组织设计中的施工进度计划基本吻合；施工进度计划（略）。

四、施工准备与资源配置计划

1.施工准备

（1）技术准备

◆ 抹灰工程的施工图、设计说明及其他设计文件完备；

◆ 材料的产品合格证书、性能检测报告、进场验收记录和复验报告完成；

◆ 根据本施工方案进行了施工技术交底。

(2) 材料要求

◆ 水泥

采用矿渣水泥，水泥强度等级宜采用 32.5 级以上颜色一致、同一批号、同一品种、同一强度等级、同一厂家生产的产品。使用前或出厂日期超过 3 个月必须复验，合格后方可使用；不同品种、不同强度等级的水泥不得混合使用；水泥的凝结时间和安定性复验不合格严禁使用。

◆ 砂

宜采用平均粒径 0.35 ~ 0.5mm 的中砂，在使用前应根据使用要求过筛，筛好后保持洁净。要求砂的颗粒坚硬，不含有机有害物质，含泥量不大于 3%。

◆ 石灰膏

抹灰用的石灰膏的熟化期应少于 15d；罩面用的磨细石灰粉的熟化期应少于 3d。

(3) 作业条件（安排专人负责）

◆ 对主体结构工程进行检查验收，并取得结构验收手续后，方可进行抹灰工程施工。

◆ 抹灰前应检查门窗框安装位置是否正确，需埋设的接线盒、电箱、管线、管道套管是否固定牢固。连接处缝隙应用体积比 1：3 的水泥砂浆分层嵌塞密实，若缝隙较大时，在砂浆中掺少量麻刀嵌塞，将其填塞密实，采用塑料贴膜将门窗框加以保护。

◆ 将混凝土过梁，混凝土墙、柱、梁等表面凸出部分剔平，将蜂窝、麻面、露筋、疏松部分剔到实处，并刷胶黏性素水泥浆。然后用体积比 1：3 的水泥砂浆分层抹平。废弃的孔洞应用细石混凝土堵严，外露钢筋头、铅丝头及木头等要清除，窗台砖要补齐，墙与楼板、梁底等交接处应用斜砖砌严补齐。

◆ 配电箱（柜）、消火栓（柜）、卧在墙内的箱（柜）等背面明露部分应加钉钢丝网固定好，涂刷 1 层胶黏性素水泥浆或界面剂。

◆ 抹灰基层表面的油渍、灰尘、污垢等应清除干净，对抹灰墙面应提前浇水均匀湿透。

◆ 抹灰前应熟悉图纸、设计说明及其他设计文件，制定方案，做好样板间，经监理工程师检验达到标准要求后方可正式施工。

◆ 抹灰前应先搭好脚手架或准备好高马凳，并满铺脚手板。

2. 资源配置计划

严格执行单位工程施工组织设计中的资源配置计划。

五、施工方法及工艺要求

1. 操作工艺

(1) 找规矩（吊直、套方）

要保证墙面抹灰垂直平整，达到装饰目的，抹灰前必须先找规矩；将房间找方（墙面要垂直于楼地面）；找方后用墨斗将线弹在地面上，根据墙面的垂直度、平整度和抹灰总厚度规定，与找方线进行比较，决定抹灰的厚度；再根据抹灰厚度确定是否采取相应措施：抹灰厚度要满足设计要求；当抹灰总厚度 ≥ 35mm 时，采取加强措施（采用钢丝网、钢筋网等加强）。

（2）做标志块（灰饼）

用托线板全面检查墙体的垂直平整程度，并结合抹灰的种类确定墙面抹灰的厚度。通过拉水平线和吊垂直线，在离地面 2m 左右高处，在距离墙两边阴角 10 ~ 20cm 处，用底层抹灰砂浆（体积比 1 : 3 的水泥砂浆）各做 1 个灰饼。灰饼间距以 1.5m 为宜。

（3）冲筋（标筋）

在两个灰饼之间抹出 1 条长形灰埂，宽度 10mm，厚度与灰饼相平。

（4）做护角

采用体积比 1 : 2 的水泥砂浆做护角（室内墙面、柱面、门洞口的阳角），护角高度不应低于 2m，护角每侧宽度不小于 50mm。

（5）抹底层和中层灰

将砂浆抹于墙面两标筋之间，底层低于标筋，等收水（水泥初凝时间）后再进行中层抹灰，其厚度以垫平标筋为准，并略高于标筋；中层砂浆抹完后，用中、短木杠按标筋刮平；局部凹陷处补平，直到普遍平直为止；再用木抹子搓磨 1 遍，使表面平整密实；墙的阴角，先用方尺上下核对方正，然后用阴角器扯平，使室内四角方正。

（6）面层抹灰

待中层抹灰砂浆 6 ~ 7 成干后（一般是在第 2 天，习惯上认为隔 1 夜），用钢皮抹子或塑料抹子，2 遍成活；厚度 2 ~ 3mm；一般由阴角或阳角开始，自左向右进行，2 人配合操作，1 人先竖向抹 1 层，另 1 人再横向抹第 2 层（反之亦可）；抹平后，要压光、溜平。再用排笔或扫帚蘸水横扫 1 遍，使表面色泽一致，最后用钢皮抹子压实、揉平、抹光 1 次，使表面层更细腻光滑。

（7）养护

罩面灰完成 24h 后，覆盖洒水养护，防止砂浆干缩开裂；养护时间不少于 7d，使抹灰层始终处于潮湿状态；冬期施工（连续 5 天平均气温低于 5℃）要有保温措施。

2. 质量要求

一般抹灰质量要求符合《建筑装饰装修工程质量验收标准》GB 50210-2018 的规定，一般抹灰的允许偏差和检验方法，见表 2-3。

【知识拓展】

2.1.6 室内墙面抹灰分项工程技术交底

【工程案例】××人民医院门诊住院综合楼墙面抹灰分项工程技术交底

案例（表 2-8）。

××人民医院门诊住院综合楼墙面抹灰分项工程技术交底　　　　　　　　表 2-8

技术交底记录表 C2-1		编号	Z-8
工程名称	××人民医院门诊住院综合楼	交底日期	××××年××月××日
施工单位	××建筑安装有限责任公司	分项工程名称	一般抹灰工程（内墙）
交底提要	一般抹灰工程（内墙）的相关材料、机具准备、质量要求及施工工艺		

交底内容：（主要项目）

一、材料准备、要求

1. 建筑施工图要求：M7.5 抹灰；砂浆的配合比符合配合比设计通知单要求，不能私自乱调配。

2. 砂：河砂，使用中砂（平均粒径为 0.35 ~ 0.5mm）和细砂（平均粒径为 0.25 ~ 0.35mm）。要求砂的颗粒坚硬洁净，使用前需过筛。不得含有杂物、碱质或其他有机物。

3. 胶结材料：水泥的凝结时间和安定性经复验合格；抹灰用的石灰膏的熟化期不应少于 15d；罩面用的磨细石灰粉的熟化期不应少于 3d。

4. 水：采用饮用自来水。

二、主要机具

砂浆搅拌机、手推车、铁抹子、钢皮抹子、压抹子、铁溜子、托线板、木抹子、阴角抹、圆角阴角抹子、软水管、长毛刷、鸡腿刷、钢丝刷、茅草帚、钉子、铁锤、塑料抹子等。

三、作业条件（安排专人负责）

1. 办完墙柱等验收手续。

2. 墙上的脚手眼，浇水湿润后，用体积比 1 : 3 的水泥砂浆填嵌密实或堵砌好，经工长验收后才可开始抹灰。

3. 门窗框与墙体连接处的缝隙应嵌塞密实。

4. 砌体上抹灰前必须要清除表面杂物、残留灰浆、舌头灰、尘土等。

5. 混凝土墙支模时留下的对拉螺栓处要处理好。

6. 在抹灰前 1 天，用软管或胶皮管水管将填充墙面自上而下浇水湿润，抹灰前不得有明水。

7. 有砂浆配合比通知单，准备好砂浆试模（6 块为 1 组）。

8. 卫生间部分：做完墙面防水层后再抹灰。

四、操作工艺

1. 找规矩（吊直、套方）

要保证墙面抹灰垂直平整，达到装饰目的，抹灰前必须先找规矩；将房间找方（墙面要垂直于楼地面）；找方后用墨斗将线弹在地面上，根据墙面的垂直度、平整度和抹灰总厚度规定，与找方线进行比较，决定抹灰的厚度；再根据抹灰厚度确定是否采取相应措施；抹灰厚度要满足设计要求；当抹灰总厚度 ≥ 35mm 时，采取加强措施（采用钢丝网、钢筋网等加强）。

2. 做标志块（灰饼）

用托线板全面检查墙体的垂直平整程度，并结合抹灰的种类确定墙面抹灰的厚度。通过拉水平线和吊垂直线，在离地面 2m 左右高处，在距离墙两边阴角 10～20cm 处，用底层抹灰砂浆（体积比 1：3 的水泥砂浆）各做 1 个灰饼。灰饼间距以 1.5m 为宜。

3. 冲筋（标筋）

在两个灰饼之间抹出一条长形灰埂，宽度 10mm，厚度与灰饼相平。

4. 做护角

采用体积比 1：2 的水泥砂浆做护角（室内墙面、柱面、门洞口的阳角），护角高度不应低于 2m，护角每侧宽度不小于 50mm。

5. 抹底层和中层灰

将砂浆抹于墙面两标筋之间，底层低于标筋，等收水（水泥初凝时间）后再进行中层抹灰，其厚度以垫平标筋为准，并略高于标筋；中层砂浆抹完后，用中、短木杠按标筋刮平，局部凹陷处补平，直到普遍平直为止；再用木抹子搓磨一遍，使表面平整密实；墙的阴角，先用方尺上下核对方正，然后用阴角器扯平，使室内四角方正。

6. 面层抹灰

待中层抹灰砂浆 6～7 成干后（一般是在第 2 天，习惯上认为隔 1 夜），用钢皮抹子或塑料抹子，2 遍成活；厚度 2～3mm；一般由阴角或阳角开始，自左向右进行，两人配合操作，1 人先竖向抹第 1 层，另 1 人再横向抹第 2 层（反之亦可）；抹平后，要压光、溜平。再用排笔或扫帚蘸水横扫 1 遍，使表面色泽一致，最后用钢皮抹子压实、揉平、抹光 1 次，使表面层更细腻光滑。

7. 养护

罩面灰完成 24h 后，覆盖洒水养护，防止砂浆干缩开裂；养护时间不少于 7d，使抹灰层始终处于潮湿状态；冬期施工（连续 5 天平均气温低于 5℃）要有保温措施。

五、质量要求

一般抹灰质量应符合《建筑装饰装修工程质量验收标准》GB 50210-2018 的规定，一般抹灰的允许偏差和检验方法见表 2-3。

六、成品保护措施

1. 抹灰成活后达到强度的部位派专人每天浇水养护，防止墙面起砂、空鼓。

2. 小车或搬运物料时，不得碰撞墙角等；工具不要靠在刚完成抹灰的墙面上。

续表

3. 成活后的门窗等部位注意保护，严禁碰撞；尽量避免碰撞。

4. 其他作业过程中和搬运料具时要注意不要碰撞已完成室内抹灰的墙柱面。

5. 严禁在楼地面上拌制砂浆。

6. 保护好墙上已安装的配件、电线槽盒等室内设施，对被砂浆粘上、污染的设施要及时清刷干净，特别是粘在钢复合门、塑钢窗等上的砂浆要及时清理干净。

七、质量注意事项

1. 正式施工前必须先做样板间，经项目部验收通过后方可按照此标准进入正式抹灰阶段。

2. 在冲筋、抹灰前，必须先测房间净高、净宽，找好房间方正，拉通线冲筋；严禁乱剔乱凿。

3. 抹灰厚度超 3.5cm 必须使用钢丝网补强。

4. 抹灰过程中严禁将砂浆倾倒在楼板上，废弃的砂浆料严禁使用，做到工完料净场地清。

八、节能环保措施

1. 加强绿色管理，注意节材、节能、节水、节电。

2. 施工现场的垃圾、渣土严禁凌空抛洒，需要及时清运。运输车辆驶出现场前要将车轮和槽帮冲洗干净。

3. 松散型物料运输与贮存，采用封闭措施；装运松散物料的车辆，应加以覆盖（盖上帆布），并确保装车高度符合要求，运输时不遗洒；在施工现场的出口处，设车轮冲洗池，确保车辆出场前清洗掉车轮上的泥土；设专人及时清扫车辆运输过程中遗洒至现场的物料；松散的易飞扬的物料（外加剂、砂浆、白灰等）均采取封闭方式贮存（袋装、进库等）。

4. 根据施工进度提前做好材料计划，合理安排材料的采购、进场时间和批次，减少库存，材料堆放整齐，一次到位，减少二次搬运。

5. 严禁在在建工程内住宿，严禁随地大小便。

九、安全注意事项（略）

| 审核人 | ××× | 交底人 | ××× | 接受交底人 | ××× |

注：1. 本表由施工单位填写，交底单位与接受交底单位各保存一份；

2. 当分项工程施工技术交底时，应填写"分项工程名称"栏，其他技术交底可不填写；

3. 技术交底工作是比较严肃的工作，必须有针对性，杜绝泛泛而交，交底不彻底或不进行交底等做法。

【能力测试】

1. 室内抹灰做护角方法，采用＿＿＿＿水泥砂浆做暗护角，高度＿＿＿＿，护角每侧宽度不小于＿＿＿＿。

2. 在平整光滑的混凝土表面抹灰，应先＿＿＿＿＿并刷聚合物水泥砂浆或批嵌专用界面剂。

【实践活动】

1. 参观抹好的室内抹灰（教室墙面），对照技术规范要求，认知室内抹灰要求，并判断其是否符合要求。

2. 以 4 ~ 6 人为 1 个小组，在学校实训基地抹灰室内抹灰。

【活动评价】

学生自评 (20%)	规范选用	正确 ☐	错误 ☐
	室内抹灰	合格 ☐	不合格 ☐
小组互评 (40%)	室内抹灰	合格 ☐	不合格 ☐
	工作认真努力，团队协作	很好 ☐	较好 ☐
		一般 ☐	还需努力 ☐
教师评价 (40%)	室内抹灰完成效果	优 ☐	良 ☐
		中 ☐	差 ☐

项目 2.2　墙面饰面砖镶贴工程施工

【项目描述】

饰面砖镶贴一般是指内墙面砖、外墙面砖、外墙锦砖的镶贴。本项目主要学习墙面砖镶贴施工工艺流程及施工要点。

【学习支持】

墙面饰面砖镶贴工程相关规范

（1）《建筑装饰装修工程质量验收标准》GB 50210－2018

（2）《建筑工程施工质量验收统一标准》GB 50300－2013

（3）《施工现场临时用电安全技术规范》JGJ 46－2005

（4）《建筑施工高处作业安全技术规范》JGJ 80－2016

【任务实施】

2.2.1　内墙面砖镶贴工程施工

2.2.1.1　施工准备

1. 材料准备

（1）通用水泥、白水泥、石灰膏、中砂、粗砂及矿物颜料等；

（2）釉面砖（又称瓷片、瓷砖、瓷釉）按形状分为正方形、长方形、配件砖等。

釉面砖是室内装修材料，不能用于室外，其主要原因为：

◆　釉面砖是多孔的精陶胚体，能吸收大量的水分使胚体膨胀。

◆　釉面砖表面施釉，釉是玻璃态物质，吸湿膨胀非常小，室外经常受风吹雨打的作用，胚体产生湿膨胀的程度使釉面处于张应力状态，应力超过釉的抗拉强度时，釉面发生开裂。

◆　室外长期的冻融循环，使釉面砖易出现剥落掉皮现象。

2. 机具准备

瓷砖切割机、手电钻、瓦工工具等。

2.2.1.2　施工工艺流程

基层处理→找规矩→抹找平层→弹线分格→做标志块→选砖→浸砖→铺贴→勾缝→清理

墙面贴砖施工

2.2.1.3　施工要点

（1）混凝土墙面基处理

将凸出墙面的混凝土剔平，对基体混凝土表面很光滑的部位进行凿毛，或用可掺界面剂胶的水泥细砂浆做小拉毛墙，也可刷界面剂并浇水湿润基层。

（2）用 10mm 厚体积比 1 ：3 的水泥砂浆打底，应分层分遍抹砂浆，随抹随刮平抹实，用木抹子搓毛。

（3）弹线

待底层灰 6 ~ 7 成干时（初凝），按图纸要求，釉面砖规格及实际条件用墨斗进行弹线。

（4）排砖

根据排版图及墙面尺寸进行横竖向的排砖，以保证面砖缝隙均匀，符合设计图纸的要求。注意大墙面、柱子、垛子、交通要道、门洞口、人员密集及容易被人看到的地方要排整砖。在同一墙面上的横竖排列，均不得有小于 1/4 砖的非整砖。非整砖行要排列在次要部位，如窗间墙或阴角处等，但需注意一致和对称。如遇有突出的卡件，应用整砖套割吻合，不得用非整砖随意拼凑镶贴；墙面阴角位置在排砖时应留出 5mm 伸缩缝位置，贴砖后用密封胶填缝。

（5）贴标准点

贴标准点是用做灰饼的混合砂浆将废瓷砖贴在墙面上（间距约为 1500mm），以控制瓷砖的表面平整度（图 2-13）。

（6）选砖、浸泡

选砖的原则是应挑选颜色、规格一致的砖。浸泡砖时，将面砖清扫干净，放入净水中浸泡 2h 以上，取出待表面晾干或擦干净后方可使用。

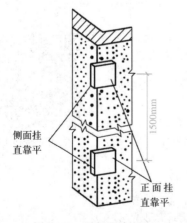

图 2-13 贴标准点
（正面、侧面挂线靠平）

（7）镶贴面砖

镶贴面砖采用体积比 1 ：2 的水泥砂浆或聚合物水泥砂浆（水泥：砂：水：107 胶 =1 ：2.5 ：0.44 ：0.03）。在瓷砖背面用铲刀刮满粘结砂浆，四边刮成斜面，左手持抹有灰浆的瓷砖，以线为标志贴于未初凝的结合层上，就位后用铲刀木柄轻轻敲击饰面砖，使其粘牢平整，并将挤出的砂浆刮净；阳角处瓷砖采取 45°对角，并保证对角缝垂直均匀。每贴几块后，要检查平整度和缝隙，阴阳角处可用阴阳角条，无压条砖时，最好在上口贴圆角面砖。

（8）勾缝

贴完经自检无空鼓、不平、不直后，用棉丝擦干净，用勾缝胶、白水泥或拍干白水泥擦缝，用布将缝的素浆擦匀，将砖面擦净。

2.2.1.4　内墙面砖成品保护

要及时擦干净残留在门框上的砂浆，特别是铝合金等门窗宜粘贴保护膜，预防污染、锈蚀，施工人员应加以保护，不得碰坏。

认真贯彻合理的施工顺序，少数工种（水、电、通风、设备安装等）应先施工，防止损坏面砖。

油漆粉刷时不得将油漆喷滴在已完工的饰面砖上，如果面砖上部为涂料，宜先做涂料，然后贴面砖，以免污染墙面。若需先做面砖时，完工后必须采取贴纸或塑料薄膜等措施保护，防止污染。

各抹灰层在凝结前应防止风干、水冲和振动，以保证各层有足够的强度。

搬、拆架子时注意不要碰撞墙面。

装饰材料和饰件以及饰面的构件，在运输、保管和施工过程中，必须采取防止损坏的措施。

【任务实施】

2.2.2　外墙面砖镶贴工程施工

外墙面砖镶贴工程施工应自上而下分层分段进行，每层内镶贴顺序应是自下而上，先贴附墙柱，后贴墙面，再贴窗间墙。

2.2.2.1　施工准备

1. 材料准备

（1）外墙面砖。花色、品种和规格可按图纸要求选用。

（2）通用水泥、白水泥（擦缝用）、石灰膏、中砂、粗砂及矿物颜料等。

2. 机具准备

瓷砖切割机、手电钻、瓦工工具等。

2.2.2.2 施工工艺流程

基层处理→抹找平层→预排→弹线分格→选砖→浸砖→镶贴→勾缝

2.2.2.3 施工要点

1. 基层处理

外墙饰面砖的基层处理同内墙面。

2. 抹底、中层灰

做法同内墙面抹灰。只是应特别注意各楼层的阳台和窗口的水平向、竖向和进出方向必须"三向"成线。

3. 预排

按外墙立面分格的设计要求进行预排，以确定砖的数量，作为弹线和细部做法的依据。

（1）外墙面砖镶贴排砖方法

◆ 矩形面砖排列方法有矩形长边水平排列和竖直排列两种。

◆ 按砖缝宽度，可分为密缝排列（缝宽1～3mm）与疏缝排列（缝度大于4mm，但一般小于20mm）。如图2-14所示为外墙矩形面砖排缝示意图。

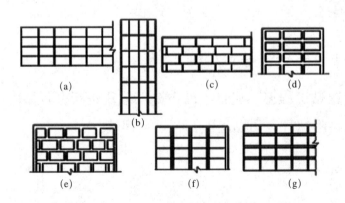

图 2-14　外墙矩形面砖排缝示意

(a) 长边水平密缝；(b) 长边竖直密缝；(c) 密缝错缝；(d) 水平、竖直疏缝；
(e) 疏缝错缝；(f) 水平密缝、竖直疏缝；(g) 水平疏缝、竖直密缝

（2）预排的原则

① 阳角部位都是整砖，且阳角处正立面整砖应盖住侧立面整砖。②对大面积墙面砖的镶贴，除不规则部位外，其他部位都不裁砖。③除柱面镶贴外，其余阳角不得对角粘贴。

4. 弹线分格

根据预排画出大样图，按缝的宽窄大小（主要指水平缝）做出分格条，作为铺贴面砖的辅助基准线，以阳角基准线为准，每隔1500 ~ 2000mm做标志块，定出阳角方正。按预排大样先弹出顶面水平线，在墙面的每部分，根据外墙水平方向面砖数，每隔约1000mm弹一垂线。在层高范围内，按预排面砖实际尺寸和块数，弹出水平分缝，分层皮数。

5. 选砖、浸砖

（1）选砖。根据设计图样的要求，对面砖进行分选。首先按颜色深浅不同进行挑选归类，然后再用自制模具对面砖的大小、厚薄进行分选归类。

（2）浸砖。清扫面砖表面，再放入清水中浸泡，时间必须大于2h或隔夜浸泡，然后取出阴干备用。

6. 镶贴

镶贴面砖前也要做标志块，其挂线方法与釉面砖相同；镶贴顺序为自上而下分层分段进行；每段内镶贴程序应是自下而上进行，且要先贴附墙柱后贴墙面再贴窗间墙；铺贴的砂浆一般为体积比1∶2的水泥砂浆或掺入不大于水泥质量15%的石灰膏的水泥混合砂浆，刮满刀灰厚度一般为6 ~ 10mm，贴完1处后，须将每块面砖上的灰浆刮净。

阳角处瓷砖最好不采取45°对角（下雨时，外墙在阳角处容易产生漏水）。

7. 勾缝

在完成一个层段面砖镶贴并检查合格后，即可进行勾缝。勾缝用体积比1∶1的水泥砂浆分2次进行，勾缝可做成凹缝（尤其是离缝分格），深度3mm左右。面砖嵌缝处用和面砖相同颜色的水泥擦缝。完工后应将面砖表面清洗干净，如有污染，可用稀盐酸刷洗，再用清水冲净。

2.2.2.4 外墙面砖质量验收

1. 外墙面砖主控项目与一般项目

饰面砖的品种、规格、图案颜色和性能应符合设计要求。饰面砖粘贴工程的找平、防水、粘结和勾缝材料及施工方法应符合设计要求及国家现行产品标准和工程技术标准的规定。饰面砖粘贴必须牢固。满粘法施工的饰面砖工程应无空鼓、裂缝。

饰面砖表面应平整、洁净、色泽一致，无裂痕和缺损。阴阳角处搭接方式、非整砖使用部位应符合设计要求。墙面突出物周围的饰面砖应整砖套割吻合，边缘应整齐。墙裙、贴脸突出墙面的厚度应一致。饰面砖接缝应平直、光滑，填嵌应连续、密实；宽度和深度应符合设计要求。有排水要求的部位应做滴水线（槽）。滴水线（槽）应顺直，流水坡向应正确，坡度应符合设计要求。

2. 外墙面砖的允许偏差和检验方法（表 2-9）

饰面砖粘贴的允许偏差和检验方法　　　　　　　　表 2-9

项次	项目	允许偏差（mm）		检验方法
		外墙面砖	风墙面砖	
1	立面垂直度	3	2	用 2m 垂直检测尺检查
2	表面平整度	4	3	用 2m 靠尺和塞尺检查
3	阴阳角方正	3	3	用直角检测尺检查
4	接缝直线度	3	2	拉 5m 线，不足 5m 拉通线，用钢直尺检查
5	接缝高低差	1	0.5	用钢直尺和塞尺检查
6	接缝宽度	1	1	用钢直尺检查

【知识拓展】

2.2.3　外墙锦砖镶贴工程施工

锦砖分为陶瓷锦砖（马赛克）和玻璃锦砖（玻璃马赛克）。陶瓷锦砖是以优质瓷土烧制而成的片状小块瓷砖，可拼成各种图案贴在纸上的饰面材料，有挂釉和不挂釉两种。其质地坚硬，色泽多样，耐酸碱、耐火、耐磨、不渗水，抗压力强，吸水率小（0.2% ~ 1.2%），在 ±20℃温度以内无开裂。由于其规格极小，不易分块铺贴，工厂生产时是将陶瓷锦砖按各种图案组合反贴在纸板上，编有统一货号，以供选用。每张大小约 30cm 见方，称为一联。陶瓷锦砖（马赛克）的粘贴构造如图 2-15 所示。

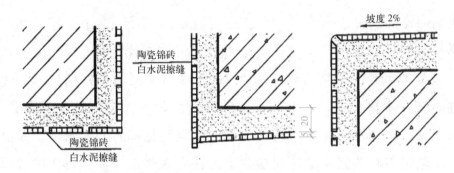

图 2-15　陶瓷锦砖（马赛克）粘贴构造详图（mm）

2.2.3.1　施工工艺流程

基层处理→抹找平层→预排、分格→弹线→镶贴→揭纸→检查调整→擦缝、清洗→喷水养护

马赛克铺贴
施工工艺

2.2.3.2　施工要点

外墙镶贴锦砖应自上而下进行分段，每段内从下至上镶贴。

1. 基层处理、抹找平层

方法同饰面砖镶贴。

2. 排砖、分格

按照设计要求，根据门窗洞口，横竖装饰线条的布置，首先明确墙角、墙垛、出檐、线条、分格、窗台和窗套等节点的细部处理，按整砖模数排砖确定分格线。排砖、分格时应使横缝与窗台相平，竖向要求阳角窗口处都是整砖。根据墙角、墙垛和出檐等节点细部处理方案，绘制出细部构造详图，然后按排砖模数和分格要求，绘制出墙面施工大样图，以保证墙面完整和镶贴各部位操作顺利。

3. 弹线

根据节点细部详图和施工大样图，先弹出水平线和垂直线，水平线按每方陶瓷锦砖 1 道，垂直线最好也是每方 1 道，也可 2～3 方 1 道，垂直线要与房屋大角以及墙垛中心线保持一致。如有分格时，按施工大样图规定的留缝宽度弹出分格线，按缝宽备好分格条。

4. 贴陶瓷锦砖（图 2-16）

镶贴陶瓷锦砖时，一般由下至上进行，按已弹好的水平线安放八字靠尺或直靠尺，并用水平尺校正垫平。一般是 2 人协同操作，1 人在前洒水润湿墙面，先刮 1 道素水泥浆，随即抹上 2mm 厚的水泥浆为粘结层，另 1 人将陶瓷锦砖铺在木垫板上，纸面向下，锦砖背面朝上，先用湿布把底面擦净，用水刷 1 遍，再刮素水泥浆，将素水泥浆刮至陶瓷锦砖的缝隙中，砖面不要留砂浆，紧跟着将砖联对准位置镶贴上去并用木垫板压住，再用橡胶锤全面轻轻敲打 1 遍，使砖联贴实平整。砖联可预先放在木垫板上，连同木垫板一齐贴上去，贴完砖后敲打木垫板即可。砖联平整后即取下木垫板。

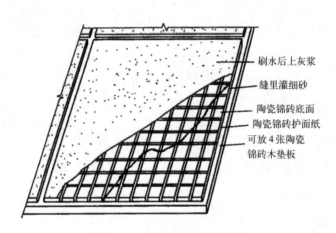

图 2-16　陶瓷锦砖镶贴示意图

每个分段内的锦砖宜连续贴完。墙及柱的阳角处，不宜将一面锦砖边凸出去盖住另一面锦砖接缝，而应各自贴到阳角线处，缺口处用水泥细砂浆勾缝。

5. 揭纸、调缝

贴完陶瓷锦砖的墙面，要一手拿拍板，靠在贴好的墙面上，一手拿锤子，对拍板满敲一遍，然后将陶瓷锦砖上的纸用刷子刷上水，20 ~ 30min 后便可开始揭纸。揭开纸后检查缝大小是否均匀，如出现歪斜、不正的缝，应顺序拨正贴实，先横后竖，拨正拨直为止。

6. 擦缝

粘贴后 48h（水泥浆初凝后），先用抹子把近似陶瓷锦砖颜色的擦缝水泥浆摊放在需擦缝的陶瓷锦砖上，然后用刮板将水泥浆往缝里刮满、刮实、刮严。再用麻丝和擦布将表面擦净。遗留在缝里的浮砂可用潮湿干净的软毛刷轻轻带出，如需清洗饰面，应在勾缝材料硬化后进行；起出米厘条的缝要用体积比 1 ：1 的水泥砂浆勾严勾平，再用擦布擦净；外墙应选用抗渗性能勾缝材料。

【能力测试】

1. 为什么釉面砖不能用于室外？
2. 简述粘贴陶瓷锦砖的施工要点。

【实践活动】

1. 参观镶贴好的外墙面砖，对照技术规范要求，认知外墙面砖组成、作用、镶贴要求，并判断其是否符合要求。
2. 以 4 ~ 6 人为 1 个小组，在学校实训基地镶贴外墙面砖。

【活动评价】

学生自评 （20%）	规范选用	正确□	错误□
	镶贴外墙面砖	合格□	不合格□
小组互评 （40%）	镶贴外墙面砖	合格□	不合格□
	工作认真努力，团队协作	很好□	较好□
		一般□	还需努力□
教师评价 （40%）	镶贴外墙面砖完成效果	优□	良□
		中□	差□

项目 2.3　墙面饰面板安装工程施工

【项目描述】

墙面饰面板包括石材饰面板和金属饰面板。石材饰面板的安装包括天然石材（如大理石、花岗石、青石板等）、人造饰面板（如人造大理石、预制水磨石）等的安装。

边长小于等于 400mm，厚度 8 ~ 12mm，镶贴高度不超过 1m 的石材饰面板，可采用水泥砂浆粘贴法施工，其施工工艺基本与面砖镶贴相同。边长大于 400mm、厚度大于 20mm 或镶贴高度超过 1m 的石材饰面板材，宜采用安装的方法施工。

常用的金属饰面板有彩色压型钢板复合墙板、铝合金板墙板、不锈钢板、铜板等。

【学习支持】

墙面饰面板安装工程相关规范

（1）《建筑装饰装修工程质量验收标准》GB 50210–2018

（2）《住宅装饰装修工程施工规范》GB 50327–2001

（3）《铝塑贴面板》JG/T 373–2012

（4）《住宅室内装饰装修工程质量验收规范》JGJ/T 304–2013

【任务实施】

2.3.1　墙面石材饰面板安装工程施工

墙面石材饰面板的安装方法分为湿挂法和干挂法两类。湿挂法施工又分为绑扎固定灌浆法（传统湿作业法）和钉固灌浆法（改进湿作业法）。

2.3.1.1　绑扎固定灌浆法（传统湿作业法）

1. 施工作业条件

墙面湿挂石材
施工工艺

（1）完成结构验收，水电、通风、设备安装等已完成，准备好加工饰面板所需的水电等。

（2）在内墙面弹好 50cm 水平线（在室内墙面弹 ±0.000 和各层水平标高控制线）。

（3）脚手架或吊篮应提前支搭好，宜选用双排架子（室外高层宜采用吊篮，多层可采用桥式架子等），其横竖杆及拉杆等应离开门窗口角 150 ~ 200mm。架子步高应符合施工规程的要求。

（4）有门窗套的必须把门框、窗框立好。同时要用体积比 1：3 的水泥砂浆将缝隙堵塞严密。铝合金门窗框边缝所用嵌缝材料应符合设计要求，且应塞堵密实并提前粘贴好保护膜。

（5）大理石、磨光花岗岩等进场后应堆放于室内，下垫方木，核对数量、规格，并预铺、配花、编号等，以备正式铺贴时按号取用。

（6）大面积施工前应先放出施工大样，并做样板，经鉴定合格后，还要经过设计单位、建设单位（监理单位）、施工单位共同认定验收，方可组织班组按样板要求施工。

（7）对进场的石料应进行验收，颜色不均匀时应进行挑选，必要时进行试拼编号。

2. 施工工艺

绑扎固定灌浆法（传统湿作业法）的操作工序流程：

基层处理→绑扎钢筋网→弹线分块、预拼、编号→开槽挂丝→安装→灌浆→清理→嵌缝

（1）绑扎钢筋网（图 2-17）

首先别出墙上的预埋筋，把墙面镶贴石材的部位清扫干净；先绑扎 1 道竖向钢筋（间距 300 ~ 500mm），并把绑好的竖筋用预埋筋弯压于墙面；横向钢筋（间距与饰面板连接孔网的尺寸一致）为绑扎板材所用，如板材高度为 60cm 时，第 1 道横筋在地面以上 10cm 处与主筋绑牢，用作绑扎第 1 层板材的下口固定铜丝或镀锌铅丝；第 2 道横筋绑在 50cm 水平线上 7 ~ 8cm，比石板上口低 2 ~ 3cm 处，用于绑扎第 1 层石板上口固定铜丝或镀锌铅丝，再往上每 60cm 绑 1 道横筋即可。

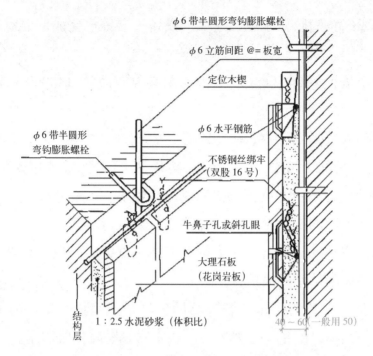

图 2-17　钢筋网片绑扎固定（混凝土墙体湿贴石材构造示意）（mm）

（2）弹线分块、预拼、编号

首先将要贴大理石或磨光花岗石的墙面、柱面和门窗套用大线坠从上至下找出垂直。应考虑大理石或磨光花岗石板材厚度、灌注砂浆的空隙和钢筋网厚度，一般大理石、磨光花岗石外皮距结构面的厚度应以 5～7cm 为宜。找出垂直后，在地面上顺墙弹出大理石或磨光花岗石等外廓尺寸线，此线即为第 1 层大理石或花岗岩等的安装基准线。将编好号的大理石或花岗岩板等在弹好的基准线上画出就位线，每块留 1mm 缝隙（如设计要求拉开缝，则按设计规定留出缝隙）。

按设计要求，逐块检查板材的品种、规格、颜色等，并在平地上进行试拼、校正尺寸及四角套方。要保证板块花纹纹理协调、通顺，接缝严密吻合。凡阳角对接处，应磨边卡角。预拼一般由下向上编号，依次竖向堆好备用。对于有裂缝、暗痕等缺陷的板材，应镶贴在阴角或靠近地面等不显眼的部位。

（3）开槽挂丝（图 2-18、图 2-19）

采用手提式石材切割机在需绑扎钢丝的部位上开槽。开槽时，在板块背面的边角处开 2 条竖槽，其间距为 30～40mm，在板块侧边外的两竖槽位置上开 1 条横槽，再在板块背面上的两条竖槽位置的下部开 1 条横槽。

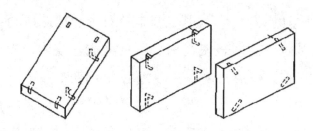

图 2-18　石材打眼示意图

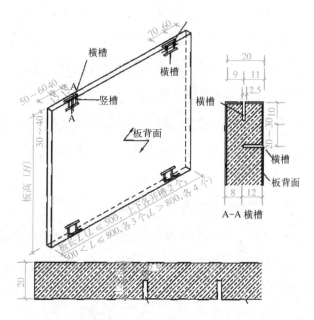

图 2-19　石材开槽示意（mm）

　　槽开好后，把备好的 18 号或 20 号不锈钢丝或铜丝剪成 30cm 长，并弯成 U 形后先套入板背横槽内，钢丝或铜丝的两端从两条斜槽穿出并在板块背面拧紧扎牢但不得拧断槽口。

　　（4）安装

　　采用湿作业法施工的饰面板工程，石材安装前应进行防碱背涂处理（在石材的背面和 4 个侧面进行涂刷"防碱背涂剂"）。

　　用靠尺板检查调整木楔，再拴紧铜丝或镀锌铅丝，依次向另一方进行。第 1 层安装完毕再用靠尺板找垂直，水平尺找平整，方尺找阴阳角方正。在安装石板时如发现石板规格不准确或石板之间的空隙不符，应用铅皮垫牢，使石板之间缝隙均匀一致，并保持第1层石板上口的平直。

找完垂直、平直、方正后，用碗调制熟石膏，把调成粥状的石膏贴在大理石或磨光花岗板上下之间，使这两层石板结成一整体，木楔处也可粘贴石膏，再用靠尺检查有无变形，等石膏硬化后方可灌浆。

（5）灌浆

将配合比（体积比）1：2.5的水泥砂浆放入半截大桶加水调成粥状，用铁簸箕舀浆徐徐倒入，注意不要碰大理石，边灌边用橡皮锤轻轻敲击石板面为砂浆排气。每层的灌注高度为15～20cm，不能超过石板高度的1/3。第1层灌注高度为15cm，不能超过石板高度的1/3。第1层灌浆很重要，因要锚固石板的下口铜丝又要固定饰面板，所以要轻轻操作，防止碰撞和猛灌。如发生石板外移错动，应立即拆除重新安装。

只有待下层砂浆初凝后，才能灌筑上层砂浆；最后一层砂浆应只灌至饰面板口水平接缝以下50～100mm处，所留余量作为安装上层饰面板时灌浆的结合层。

（6）清理

最后1层砂浆初凝后，可清理擦净饰面板上口余浆，砂浆终凝后，可将上口木楔轻轻移动抽出，打掉上口有碍安装上层饰面板的石膏。然后按上述方法依次逐层安装上层饰面板。

（7）嵌缝

全部饰面板安装完毕后，应将表面清理干净，并按板材颜色调制水泥色浆嵌缝，边嵌边擦干净，使缝隙密实干净，颜色一致。安装固定后的板材，如面层光泽受到影响，要重新打蜡上光，并采取临时措施保护棱角。

2.3.1.2 钉固灌浆法（改进湿作业法）

钉固灌浆法省去了钢筋网片，采用镀锌或不锈钢锚固件与基体锚固，再用体积比1：2的水泥砂浆灌缝而成。

1. 施工工艺流程

基层处理→饰面板选材编号→饰面板钻孔、剔槽→墙体钻孔→安装饰面

板→加楔→分层灌浆→嵌缝→清理→抛光

2. 施工要点

（1）饰面板钻孔、剔槽

将石材直立固定于木架上，用手电钻在距两端 1/4 板厚中心处钻孔，孔径 6mm，深 35 ～ 40mm。板宽小于 500mm 打直孔 2 个，板宽 500 ～ 800mm 的打直孔 3 个，板宽大于 800mm 打直孔 4 个，然后将板旋转 90° 固定于木架上；在板两边分别打直孔 1 个，孔位距板下端 100mm，孔径 6mm，深 35 ～ 40mm，上下直孔需在板背方向剔出 7mm 深小槽。

（2）基体钻斜孔

板材钻孔后，按基体放线分块位置临时就位，确定对应于板材上下直孔的基体钻孔位置，用冲击钻在基体上钻出与板材平面呈 45° 的斜孔，孔径 6mm，孔深 40 ～ 50mm。

（3）安装饰面板

一般采用 U 形钉锚固法。用不锈钢 U 形钉（图 2-20）代替金属丝作为板块与基体的连接件。板块侧边钻直孔后，将 U 形钉一端勾进饰面板直孔内，另一端勾进基体斜孔内。饰面板就位后分别用硬木小楔楔紧（图 2-21）。

图 2-20　U 形钉（mm）

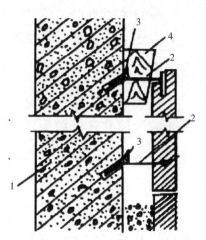

图 2-21　U 形钉锚固法
1—基体；2—U 形钉；3—硬木小楔；4—大头木楔

（4）灌浆、清理、嵌缝

同绑扎固定灌浆法（传统湿作业法）。

2.3.1.3 干挂法

干挂法是利用高强螺栓和耐腐蚀、强度高的柔性连接件将薄型石材挂在建筑物外表面。饰面板与墙体之间留出 50 ～ 80mm 的空腔，空腔内不灌浆。该法适用于 30m 以下的钢筋混凝土结构，不适用于砖墙和加气混凝土墙。

此法具有抗震性能好，操作简单，施工速度快，质量易于保证且施工不受气候影响等优点。

1. 施工工艺流程

墙面修整→弹线分块→墙面涂防水剂→打孔→固定连接件→镶装板块→顶层板块安装→嵌缝→清理

2. 施工要点

（1）墙面修整

当混凝土外墙表面有局部凸出处会影响扣件安装时，须剔凿平整。

（2）弹线

在墙面上吊垂线及拉水平线，控制饰面的垂直度、平整度。根据设计要求和施工放样图弹出安装板块的位置线和分块线，最好用经纬仪打出大角两个面的竖向控制线，确保安装顺利进行。

（3）墙面涂防水剂

由于干挂工艺使外墙容易受雨水侵蚀，为增强外墙的防水性能，在外墙面上应涂刷 1 层防水剂。

（4）打孔

根据设计尺寸在板块上下侧边打孔，孔径 6mm，孔深 20mm，打孔的平面应与钻头垂直，钻孔位置要准确无误。

（5）固定连接件

根据施工放样图及饰面石板的钻孔位置，用冲击钻在结构对应位置上打孔，要求成孔与结构表面垂直。然后打入膨胀螺栓，同时镶装 L 形不锈钢连接件，将扣件固定后，用扳手紧固。连接板上的孔洞均呈椭圆形，以便于调节（图 2-22）。

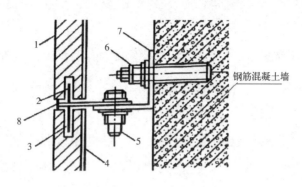

图 2-22　干挂法安装示意

1—石板；2—不锈钢销钉；3—板材钻孔；4—玻璃布增强层；5—紧固螺栓；
6—膨胀螺栓；7—L 形不锈钢连接件；8—嵌缝耐候胶

（6）镶装板块

支底层石板托架，将底层石板就位并用夹具临时固定。先在底层石板侧孔抹胶，插锚固 L 形不锈钢挂件并调整面板水平和垂直度，再将上层石板的下孔内灌入胶粘剂，对准插入 T 形不锈钢销钉（或 T 形挂件），然后校正并临时固定板块。如此逐层操作直至镶装顶层板块，最后完成全部安装。

（7）嵌缝

每一施工段镶装后经检查无误，可贴硅胶防污胶条嵌缝。一般情况下，硅胶只封平接缝表面或比板面稍凹少许即可。雨天或板材受潮时，不宜涂硅胶。

（8）清理

用棉丝将板面擦洗干净，对硅胶等粘结杂物，可用棉丝醮丙酮擦净。

【任务实施】

2.3.2　墙面金属饰面板安装工程施工

墙面金属饰面板主要有彩色压型钢板复合面板、彩色涂层钢板、彩色不锈钢面板、镜面不锈钢饰面板、铝合金面板、塑铝面板等。近年来各种金属装饰板已广泛应用于公共建筑中，尤其在墙面、柱面装饰方面。

2.3.2.1　彩色压型钢板复合墙板

彩色压型钢板复合墙板，是以波形彩色压型钢板为面板，轻质保温材料为芯层，经复合而成的轻质保温墙板，适用于工业与民用建筑物的外墙挂板。

其中夹芯保温材料，可分别选用聚苯乙烯泡沫板、岩棉板、玻璃棉板、聚氨酯泡沫塑料等。

施工要点：

（1）用吊挂件把板材挂在墙身檩条上，再把吊挂件与檩条焊牢。

（2）板与板之间连接，水平缝为搭接缝，竖缝为企口缝。所有接缝处，除用超细玻璃棉塞缝外，还需用自攻螺钉钉牢，钉距为200mm。

（3）门窗洞口、管道穿墙及墙面端头处，墙板均为异形复合墙板，用压型钢板与保温材料按设计规定尺寸进行裁割，然后照标准板的做法进行组装。

（4）女儿墙顶部、门窗周围均设防雨泛水板，泛水板与墙板的接缝处，用防水油膏嵌缝。

（5）压型板墙转角处，用槽形转角板进行外包角和内包角，转角板用螺栓固定。

2.3.2.2　不锈钢饰面板

不锈钢材料耐腐蚀、耐气候、防火、耐磨性均良好，具有较高的强度，抗拉能力强，并且具有质软、韧性强、便于加工的特点，具有强烈的金属质感和抛光的镜面效果，是建筑物室内、室外墙体和柱面常用的装饰材料。

金属饰面板施工

1. 施工工艺流程

弹线→制作安装骨架→安装基层板→不锈钢饰面板成形→饰面板安装

2. 施工要点

（1）弹线

首先将室内水平线测出，然后按设计要求将不锈钢饰面装修部分的造型线弹于墙面基层，应注意水平线及造型位置线。

（2）制作安装骨架

不锈钢装饰板的骨架一般采用木方（木龙骨）连接成木骨架。

◆　吊垂直线作为基准，固定竖向龙骨。

◆ 横向龙骨与竖向龙骨的连接。横向木龙骨的连接可用槽接法和加胶钉固法。通常圆柱等弧面体用槽接法，而墙面、方柱和多角柱可用加胶钉固法。槽接法是在横向、竖向龙骨上分别开出半槽，两龙骨在槽口处对接，槽接法也需在槽口处加胶、加钉固定。这种固定方法稳固性较好。加胶钉固法是在横向龙骨的两端头面加胶，将其置于两竖向龙骨之间，再用钢钉斜向与竖向龙骨固定。横向龙骨之间的间隔距离，通常为 300mm 或 400mm。

（3）安装基层板

基层多为木质胶合板，圆柱基层可选择弯曲性能较好的薄胶合板或采用竖向安装实木条板，所用的实木条板宽度一般为 50 ～ 80mm。

（4）不锈钢饰面板成型

用卷板机或手工将不锈钢板按设计加工成所要求的形状。圆柱不锈钢板的滚圆：一般将板材滚成两个标准的半圆，以备包覆柱体后焊接固定。

（5）不锈钢板的定位安装

不锈钢饰面板一般采用镶面施工。

不锈钢板安装的关键在于片与片间对口处的处理，处理方式主要有直接卡口式和嵌槽压口式两种。

直接卡口式是在两片不锈钢板对口处，安装一个不锈钢卡口槽，该卡口槽用螺钉固定于柱体骨架的凹部，如图 2-23 所示。

嵌槽压口式是把不锈钢板在对口处的凹部用螺钉或钢钉固定，再把一条宽度小于凹槽的木条固定在凹槽中间，两边空出的间隙相等，其间隙宽为 1mm 左右。在木条上涂刷环氧树脂胶，当胶面不粘手时，向木条上嵌入不锈钢槽条。不锈钢槽条应在嵌入前用酒精或汽油清洗槽条内的油迹和污物，如图 2-24 所示。

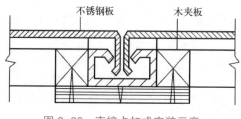

图 2-23 直接卡扣式安装示意

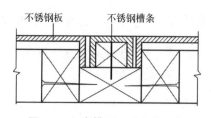

图 2-24 嵌槽压口式安装示意

2.3.2.3　铝合金板墙面

铝合金耐腐蚀、耐气候、防火，具有可进行轧花，涂不同色彩，压制成不同波纹、花纹和平板冲孔的加工特性，适用于中、高级室内装修。

铝合金板有方形板和条形板。方形板有正方形板、矩形板及异形板。

条形板一般是指宽度在 150mm 以内的窄条板材，长度 6m 左右，厚度常为 0.5 ~ 1.5mm。根据其断面及安装形式的不同，分为条板和扣板。条板的断面形式如图 2-25 所示，扣板的断面形式如图 2-26 所示。铝合金扣板多用于建筑首层的入口及招牌衬底等较醒目的部位。另外，铝合金蜂窝板的断面呈蜂窝腔。

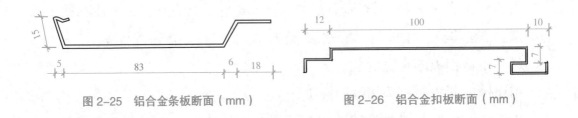

图 2-25　铝合金条板断面（mm）　　　　图 2-26　铝合金扣板断面（mm）

1. 施工工艺流程

放线→固定骨架连接件→固定骨架→安装铝合金板→收口处理

2. 施工要点

（1）放线

根据设计图纸的要求和铝合金饰面板的规格尺寸，对墙面进行调直、套方、找规矩，并实测弹线，确定墙面的实际尺寸和饰面板的数量，并在墙面上弹出骨架位置线，以保证骨架施工的准确性。放线最好一次完成，如有偏差，可进行调整。

（2）固定骨架连接件

骨架的横竖杆件是通过连接件与结构固定的，连接件可以同结构的预埋件焊牢，也可在墙上打膨胀螺栓。

（3）固定骨架

骨架安装要牢固，位置要准确。待安装完毕后，应对中心线、表面标高做全面检查。高层建筑的大面积外墙板，宜用经纬仪对横竖杆件进行贯通检查，以保证饰面板的安装精度。在检查无误后，即可对骨架进行固定，同时对所有的骨架进行防腐处理。

（4）安装铝合金板

应自下而上进行铝合金板的安装。

◆　铝合金条板与特制龙骨的卡接固定，如图 2-27 所示。

采用特制的带齿形卡脚的金属龙骨，安装时将板条卡在龙骨上面，不需使用钉件。龙骨由镀锌钢板冲压而成。此种固定方法简便可靠，拆换也较方便。

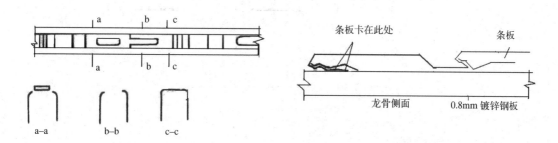

图 2-27　铝合金条板与特制龙骨的卡接固定

◆　铝合金扣板用自攻螺栓与骨架固定。其特点是螺钉头不外露，扣板的一侧用螺钉固定，另一块扣板扣上后，恰好将螺钉盖住。

板与板之间，一般应当留出 10 ～ 20mm 的间隙，最后用氯丁橡胶条或硅酮密封胶进行密封处理。

铝合金板安装完毕，需在易被碰撞及污染处采取保护措施。为防止碰撞，宜设安全保护栏；为防止污染，多采用塑料薄膜遮盖。

（5）收口处理

◆　转角处：一般选用与外墙板性能和颜色相同的 1.5mm 厚直角形板材或转角专用板材，用螺栓与外墙板固定。铝板阴角处构造详图如图 2-28 所示。

◆　窗台、女儿墙的上部：先在基层焊上钢骨架，然后用螺栓将铝合金盖板固定在钢筋骨架上。

◆　墙面边缘部位：用颜色一致的铝合金成型板将龙骨及墙板端部封住。

◆　墙面下部：用一条特制的披水板将墙板下端与基体的缝隙封住。

◆　变形缝：用氯丁橡胶紧密地固定在铝质凹槽内。

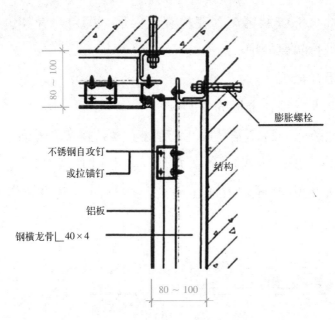

图 2-28　铝板阴角处构造详图（mm）

膨胀螺栓

不锈钢自攻钉
或拉锚钉

铝板

钢横龙骨 ∟40×4

结构

2.3.2.4　铝塑板墙面

铝塑板墙面装修的做法有多种，最好是贴于纸面石膏板、耐燃型胶合板等比较平整的基层上或铝合金扁管做成的框架上（要求横、竖向铝合金扁管的分格与铝塑板分格一致）。铝塑板在基层板（或框架）上的安装方式有粘贴法和铆接法等。

1. 施工工艺流程

弹线→翻样、试拼、裁切、编号→安装、粘贴→修整→板缝处理

2. 施工要点

（1）弹线

按具体设计，根据铝塑板的分格尺寸在基层板上弹出分格线。

（2）翻样、试拼、裁切、编号

根据设计要求及弹线，对铝塑板进行翻样、试拼，然后将铝塑板裁切、编号备用。

（3）安装、粘贴

铝塑板的安装粘贴，主要有下列 3 种做法：

铝塑板饰面板
施工工艺

◆ 胶粘剂直接粘贴法

在铝塑板背面及基层板表面均匀涂布立时得胶或其他橡胶类胶粘剂（如801 强力胶、XH-401 强力胶、XY-40l 胶、FN303 胶等）1 层，待胶粘剂稍具黏性时，将铝塑板上墙就位，与相邻各板抄平、调直后用手拍平压实，使铝塑板与基层板粘牢。拍压时严禁用铁棒或其他硬物敲击。

◆ 双面胶带及胶粘剂并用粘贴法

根据墙面弹线，将薄质双面胶带按"田"字形分布粘贴于基层板上（按双面胶带总面积占基底总面积 30% 的比例分布）。在无双面胶带处，均匀涂强力胶一层，然后按弹线范围，将已试拼、编号的铝塑板临时固定，经与相邻各板抄平、调直完全符合质量要求后，再用手拍实压平，使铝塑板与基层板粘牢。

◆ 发泡双面胶带直接粘贴法

将发泡双面胶带粘贴于基层板上，然后将铝塑板根据编号及弹线位置顺序上墙就位，进行粘贴（操作方法同上），粘贴后在铝塑板四角加 4 个螺钉。

（4）修整表面

整个铝塑板安装完毕后，应严格检查质量，如发现不牢、不平、空心、鼓肚及平整度、垂直度、方正度偏差不符合质量要求的，应彻底修整；表面如有胶液、胶迹，必须彻底拭净。

【知识拓展】

2.3.3 墙面饰面板安装的质量标准和检验方法

1. 主控项目

（1）饰面板的品种、规格、颜色和性能应符合设计要求，木龙骨、木饰面板和塑料饰面板的燃烧性能等级应符合设计要求。

检验方法：观察；检查产品合格证书、进场验收记录和性能检测报告。

（2）饰面板孔、槽的数量、位置和尺寸应符合设计要求。

检验方法：检查进场验收记录和施工记录。

（3）饰面板安装工程的预埋件（或后置埋件）、连接件的数量、规格、位置、连接方法和防腐处理必须符合设计要求。后置埋件的现场拉拔强度必须符合设计要求。饰面板安装必须牢固。

检验方法：手扳检查；检查进场验收记录、现场拉拔检测报告、隐蔽工程验收记录和施工记录。

2. 一般项目

（1）饰面表面应平整、洁净、色泽一致，无裂痕和缺损。石材表面应无泛碱等污染。

检验方法：观察。

（2）饰面板嵌缝应密实、平直，宽度和深度应符合设计要求，嵌填材料色泽应一致。

检验方法：观察；尺量检查。

（3）采用湿作业法施工的饰面板工程，石材应进行防碱背涂处理。饰面板与基体之间的灌注材料应饱满、密实。

检验方法：用小锤轻击检查；检查施工记录。

（4）饰面板上的孔洞应套割吻合，边缘应整齐。

检验方法：观察。

（5）饰面板安装的允许偏差和检验方法应符合表 2-10 的规定。

饰面板安装的允许偏差和检验方法 表 2-10

项次	项目	允许偏差（mm）									检查方法
		饰面板安装							饰面砖粘贴		
		天然石			瓷板	木材	塑料	金属	外墙面砖	内墙面砖	
		光面	剁斧石	蘑菇石							
1	立面垂直度	2	3	3	2	1.5	2	2	3	2	用2m垂直检测尺检查
2	表面平整度	2	3		1.5	1	3	3	4	3	用2m靠尺和塞尺检查
3	阴阳角方正	2	4	4	2	1.5	3	3	3	3	用直角检测尺检查
4	接缝直线度	2	4	4	2	1	1	1	3	2	拉5m线，不足5m拉通线，用钢尺检查

续表

项次	项目	允许偏差（mm）									检查方法
		饰面板安装							饰面砖粘贴		
		天然石			瓷板	木材	塑料	金属	外墙面砖	内墙面砖	
		光面	剁斧石	蘑菇石							
5	墙裙、勒脚上口直线度	2	3	3	2	2	2	2			拉 5m 线，不足 5m 拉通线，用钢尺检查
6	接缝高低差	0.5	3		0.5	0.5	1	1	1	0.5	用钢直尺和塞尺检查
7	接缝宽度	1	2	2	1	1	1	1	1	1	用钢直尺检查

【能力测试】

1. 大理石饰面板灌浆中，每层的灌筑高度为_____cm，不能超过石板高度的_____。

2. 只有待下层砂浆初凝后，才能灌筑上层砂浆；最后一层砂浆应只灌至饰面板口水平接缝以下_____mm 处，所留余量可安装上层饰面板时灌浆的结合层。

3. 用棉丝将板面擦洗干净，对硅胶等粘结杂物，可用棉丝醮____擦净。

4. 由于干挂工艺使外墙容易受雨水侵蚀，为增强外墙的防水性能，在外墙面上应涂刷一层_____。

【实践活动】

1. 参观安装好的外墙石材饰面板，对照技术规范要求，认知干挂法外墙石材饰面板的组成及安装要求，并判断其是否符合要求。

2. 以 4～6 人为 1 个小组，在学校实训基地采用干挂法安装外墙石材饰面板。

3. 花岗石饰面墙的检查验收（检查安装好的花岗石墙面）。

（1）这 1 项检查验收实践中，要求 6 个人为 1 组，模拟施工单位、监理单位和建设单位人员：1 人模拟项目经理，1 人模拟施工员，1 人模拟施工班组长，1人模拟项目专业质量检查员，1人模拟专业监理工程师，1人模拟建设单位项目专业技术负责人。

（2）施工单位自行组织检查验收，验收后填写《饰面板安装工程检验批质量验收记录表》，项目专业监理工程师、施工员、施工班组长、项目专业质量检查员分别填写检查意见；最后填写《花岗石饰面工程报验申请表》，准备好相关的合格证等资料，送监理单位，等待验收。验收后监理工程师在《花岗石饰面工程报验申请表》、《饰面板安装工程检验批质量验收记录表》上签署验收意见。完成验收后，每个同学撰写检验批工程检查验收的体会和经验。

（3）检查验收实例。

① 花岗石饰面工程报验申请表（表 2-11）

花岗石饰面工程报验申请表

表 2-11

工程名称：×× 人民医院门诊住院综合楼　　　　　　　　　　　　编号：3-28

致：×××× 建设监理有限公司（监理单位） 　　我单位已按要求完成了一层花岗石饰面工程工作，现上报该工程报验申请表，请予以审查和验收。 　　附件： 　　　1. 花岗石饰面板安装工程检验批质量验收记录。 　　　2. 花岗石合格证、质量证明书等。 　　　3. 其他资料。 　　　　　　　　　　　　　　承包单位（章）　×× 建筑安装有限责任公司 　　　　　　　　　　　　　　项目经理　　××× 　　　　　　　　　　　　　　日期　　××××年××月××日
审查意见： 　　经检查，同意验收。 　　　　　　　　　　　　　　　监理单位 　　　　　　　　　　　　　　　总/专业监理工程师　　××× 　　　　　　　　　　　　　　　日期　　××××年××月××日

② 饰面板安装工程检验批质量验收记录表（表 2-12）

饰面板安装工程检验批质量验收记录表　　　　　　　　表 2-12

GB 50210-2018　　　　　　　　　　　　　　　　　　030601 ⓪ ⑧

单位（子单位）工程名称			×× 人民医院门诊住院综合楼		
分部（子分部）工程名称			建筑装饰装修（饰面板子分部）	验收部位	一层、1—13 轴 /A—E 轴
施工单位			×× 建筑安装有限责任公司	项目经理	×××
分包单位			/	分包项目经理	/
施工执行标准名称及编号			《建筑装饰装修工程质量验收标准》GB50210-2018		

		施工质量验收规范的规定							施工单位检查评定记录									监理（建设）单位验收记录
主控项目	1	饰面板品种、规格、性能等						第 8.2.2 条				✓						符合设计（文件）及施工质量验收规范要求，同意验收
	2	饰面板孔、槽、位置、尺寸						第 8.2.3 条				✓						
	3	饰面板安装						第 8.2.4 条				✓						
一般项目	1	饰面板表面质量						第 8.2.5 条				✓						符合设计（文件）及施工质量验收规范要求，同意验收
	2	饰面板嵌缝						第 8.2.6 条				✓						
	3	湿作业施工						第 8.2.7 条				✓						
	4	饰面板孔洞套割						第 8.2.8 条				✓						

			项目	石材			瓷板	木材	塑料	金属	实测值（mm）											
				光面	剁斧石	蘑菇石																
一般项目	5	允许偏差（mm）	立面垂直度	2	3	3	2	1.5	2	2	1	1	③	1	2	2	2	2	2	1
			表面平整度	2	3	—	1.5	1	3	3	1	1	2	2	2	1	1	1	1
			阴阳角方正	2	4	4	2	1.5	3	1	2	2	2	③	2	2	2	2	2
			接缝直线度	2	4	4	2	1	1	1	1	1	1	1	1	1	1	1	1
			墙裙、勒脚上口直线度	2	3	2	2	2	2	2	1	1	2	1	2	1	2	2	2
			接缝高低差	0.5	3	—	0.5	0.5	1	1	0.5	0.5	0.5	0.5	0.5	0.5	0.5	0.5	0.5
			接缝宽度	1	2	2	1	1	1	1	1	1	1	1	1	1	1	1	1

续表

施工单位检查评定结果	专业工长 （施工员）	×××	施工班组长	×××
	主控项目、一般项目全部合格，符合设计及施工质量验收规范要求，合格。 　项目专业质量检查员：×××　　　　　××××年××月××日			
监理（建设）单位验收结论	同意验收。 　　　　　专业监理工程师：××× （建设单位项目专业技术负责人）×××　　　××××年××月××日			

注：1. 定性项目符合要求打√；

　　2. 定量项目加○表示超出企业标准，加△表示超出国家标准；

　　3. 最多不超过20%的检查点可以超过允许偏差值，但也不能超出允许偏差值的150%；

　　4. 检验批表格右上角数字的含义：03表示第3分部——建筑装饰装修；06表示第6子分部工程——饰面板（砖）；01表示第1分项工程——饰面板安装；08表示第8批检验批。

【活动评价】

学生自评 （20%）	规范选用	正确□	错误□
	干挂法安装外墙石材饰面板	合格□	不合格□
小组互评 （40%）	干挂法安装外墙石材饰面板	合格□	不合格□
	工作认真努力，团队协作	很好□	较好□
		一般□	还需努力□
教师评价 （40%）	干挂法安装外墙石材饰面板完成效果	优□	良□
		中□	差□

项目 2.4　墙面涂饰工程施工

【项目描述】

建筑涂料是指涂覆于建筑物表面，并能与建筑物表面材料很好地粘结，形成完整涂膜的材料。主要起到装饰和保护被涂覆物的作用，防止来自外界物质的侵蚀和损伤，提高被涂覆物的使用寿命；并可改变其颜色、花纹、光泽、质感等，提高被涂覆物的外观效果。

墙面涂饰工程包括水性涂料涂饰、溶剂型涂料涂饰、美术涂饰。水性涂料包括乳液型涂料、无机涂料、水溶性涂料等；溶剂型涂料包括丙烯酸酯涂料、聚氨酯丙烯酸涂料、有机硅丙烯酸涂料等；美术涂饰包括套色涂饰、滚花涂饰、仿花纹涂饰等。

【学习支持】

墙面涂饰工程相关规范

(1)《建筑装饰装修工程质量验收标准》GB 50210-2018

(2)《住宅装饰装修工程施工规范》GB 50327-2001

(3)《建筑内部装修防火施工及验收规范》GB 50354-2005

(4)《建筑涂饰工程施工及验收规程》JGJ/T 29-2003

(5)《合成树脂乳液外墙涂料》GB/T 9755-2014

(6)《合成树脂乳液内墙涂料》GB/T 9756-2009

【任务实施】

2.4.1　内墙乳胶漆饰面工程施工

乳胶漆由合成树脂乳液加入颜料、填料以及保护胶体、增塑剂、润湿剂、防冻剂、消泡剂、防霉剂等辅助材料，经过研磨或分散处理后制成，也称为乳液涂料。

乳胶漆按使用部位分外墙漆和内墙漆。按光泽可分为低光、半光、高光等品种。其中，内墙乳胶漆的成膜物不溶于水，涂膜的耐水性高，湿擦洗后不留痕迹。而外墙乳胶漆的基本性能与内墙乳胶漆差不多，但漆膜较硬，抗水能力更强，因此，外墙乳胶漆可作为内墙装饰使用，也可以用于洗手间等高潮湿的地方。

乳胶漆通常以合成树脂乳液来命名，如丁苯乳胶漆、醋酸乙烯乳胶漆、丙烯酸乳胶漆、苯—丙乳胶漆、乙—丙乳胶漆等。

2.4.1.1　内墙乳胶漆作业条件

(1)墙面应基本干燥，基层含水率不得大于10%。

(2)抹灰作业已全部完成，穿墙管道、洞口和阴阳角等应提前处理，为确保墙面干燥，各种穿墙孔洞都应提前抹灰补齐。

（3）门窗玻璃要提前安装完毕。

（4）地面已施工完成（塑料地面、地毯等除外），管道设备安装完成，试水试压已进行。

（5）大面积施工前应事先做好样板间，经有关质量部门检查鉴定合格后，方可组织班组进行大面积施工。

（6）冬期施工室内涂料工程，应在采暖条件下进行，室温保持均衡，一般室内温度不应低于 +10℃，相对湿度为 60%，不得突然变化。同时应设专人负责测试和开关门窗，以利通风排除湿气。

2.4.1.2　施工工艺流程

基层处理→第 1 遍满刮腻子、磨光→第 2 遍满刮腻子→复补腻子、磨光→第 1 遍乳胶漆、磨光→第 2 遍乳胶漆

墙面刷乳胶漆
施工工艺

2.4.1.3　施工要点

1. 基层处理

（1）当水泥砂浆面层有空鼓现象时，应铲除，用聚合物水泥砂浆修补；有孔眼时，应用水泥素浆修补，也可从剥离的界面注入环氧树脂胶粘剂；水泥砂浆面层凹凸不平时，应用磨光机研磨平整。

（2）加气混凝土板材接缝连接面及表面气孔应全刮涂打底腻子，使表面光滑平整。

（3）石膏板在涂刷前，应对石膏面层用合成树脂乳液灰浆腻子刮涂打底，固化后用砂纸等打磨光滑平整。

（4）将基层表面的灰块、浮渣等杂物铲除，用 10% 的火碱溶液清洗油渍，干净后再用清水清洗，保证墙面干净、干燥。

（5）新建筑物的混凝土或抹灰层基层在涂饰涂料前应涂刷抗碱封闭底漆。旧墙面在涂饰涂料前应清除疏松的旧装修层，并涂刷界面剂。混凝土或抹灰基层时，其含水率不得大于 10%。木材基层的含水率不得大于 12%。基层腻子应平整、坚实、牢固，无粉化、起皮和裂缝。

2. 刮腻子

刮腻子遍数可由墙面平整程度决定，通常为 3 遍，腻子重量配比为乳胶：双飞粉：2% 羧甲基纤维素：复粉 =1 ∶ 5 ∶ 3.5 ∶ 0.8；厨房、厕所、浴室使用的腻子重量配比为聚醋酸乙烯乳液：水泥：水 =1 ∶ 5 ∶ 1（耐水性腻子）。第 1 遍用胶皮刮板横向满刮，干燥后打磨砂纸，将浮腻子及斑迹磨光，然后将墙面清扫干净；第 2 遍用胶皮刮板竖向满刮，所用材料及方法同第 1 遍腻子，干燥后用砂纸磨平并清扫干净；第 3 遍用胶皮刮板找补腻子或用钢片刮板满刮腻子，将墙面刮平刮光，干燥后用细砂纸磨平磨光，不得遗漏或将腻子磨穿。

如采用成品腻子粉，只需加入清水（每千克腻子粉添加 0.4 ~ 0.5kg 水）搅拌均匀后即可使用，拌好的腻子应呈均匀膏状，无粉团。为提高石膏板的耐水性能，可先在石膏板上涂刷专用界面剂、防水涂料，再批刮腻子。批刮的腻子层不宜过厚，必须待第 1 遍干透后方可批刮第 2 遍。底层腻子未干透不得施工面层。

3. 刷底漆

涂刷顺序是先刷顶棚后刷墙面，墙面是先上后下。首先需将基层表面清扫干净。乳胶漆用排笔（或滚筒）涂刷，使用新排笔时，应将排笔上不牢固的毛清理掉。底漆使用前应加水搅拌均匀，待干燥后复补腻子，腻子干燥后再用砂纸磨光，并清扫干净。

4. 刷 1 ~ 3 遍面漆

操作要求同底漆，使用前充分搅拌均匀。刷 2 ~ 3 遍面漆时，需待前一遍漆膜干燥后，用细砂纸打磨光滑并清扫干净后再刷下一遍。由于乳胶漆膜干燥较快，涂刷时应连续迅速操作，上下顺刷互相衔接，避免干燥后出现接头。

【任务实施】

2.4.2 外墙乳胶漆饰面工程施工

2.4.2.1 施工工艺流程

基层处理→涂刷封底漆→局部补腻子→满刮腻子→刷底涂料→涂刷面涂乳胶漆→清理

2.4.2.2　施工要点

（1）基层处理

首先清除基层表面尘土和其他粘附物。较大的凹陷应用聚合物水泥砂浆抹平。较小的孔洞、裂缝用水泥乳胶腻子修补。墙面泛碱起霜时用硫酸锌溶液或稀盐酸溶液刷洗，油污用洗涤剂清洗，最后再用清水洗净。对基层原有涂层应视不同情况区别对待：疏松、起壳、脆裂的旧涂层应将其铲除；粘附牢固的旧涂层用砂纸打毛；不耐水的涂层应全部铲除。

（2）涂刷封底漆

如果墙面较疏松，吸收性强，可以在清理完毕的基层上用辊筒均匀地涂刷 1 ～ 2 遍胶水打底（丙烯酸乳液或水溶性建筑胶水加 3 ～ 5 倍水稀释即成），不可漏涂，也不能涂刷过多而造成流淌或堆积。

（3）局部补腻子

基层打底干燥后，用腻子找补不平处，干燥后用砂纸打磨平。成品腻子使用前应搅匀，腻子偏稠时可酌量加清水调节。

（4）满刮腻子

将腻子置于托板上，用抹子或橡皮刮板进行刮涂，先上后下。根据基层情况和装饰要求刮涂 2 ～ 3 遍腻子，每遍腻子不可过厚。腻子干后应及时用砂纸打磨，不得磨出波浪形，也不能留下磨痕，打磨完毕后扫去浮灰。

（5）刷底涂料

将底涂料搅拌均匀，如涂料较稠，可按产品说明书的要求进行稀释。用滚筒刷或排笔刷均匀涂刷 1 遍，注意不要漏刷，也不要刷得过厚。如有必要底涂料干燥后可局部复补腻子，干燥后用砂纸打磨平。

（6）刷面涂料

将面层涂料按产品说明书要求的比例进行稀释并搅拌均匀。墙面需分色时，先用粉线包或墨斗弹出分色线，涂刷时在交色部位留出 1 ～ 2cm 的余地。1 人先用滚筒刷蘸涂料均匀涂布，另 1 人随即用排笔刷展平涂痕和溅沫。应防止透底和流坠。每个涂刷面均应从边缘开始向另一侧涂刷，并应 1 次完成，以免出现接痕。第 1 遍干透后，再涂第 2 遍涂料。一般涂刷 2 ～ 3 遍涂料，视不同情况而定。

2.4.2.3 施工注意事项

（1）涂料使用前应核对标签，并仔细搅拌均匀，使用后须将盖子盖严。

（2）涂料的贮存和施工应符合产品说明书规定的气温条件，通常应在5℃以上。如果涂料在贮运中冻结，应置于较高温度的房间中任其自然解冻，不得用火烤。解冻后的涂料经确认未发生质变方可使用。

（3）涂料调色最好由生产厂或经销商完成，以保证该批涂料色彩的一致性。如果在施工现场需要调色，必须使用厂家配套提供或指定牌号、产地的色浆，按使用要求和比例，由专人进行调配。

（4）应注意涂料工程的成品保护，防止交叉作业引起的人为污染。已经施工的墙面如受到污染，可用干净的湿抹布轻轻擦洗，污染严重时应重新涂刷。

（5）施工前注意天气预报，避免在雨雪来临前作业。

（6）涂刷工具用毕应及时清洗干净并妥善保管。

【任务实施】

2.4.3 外墙真石漆饰面工程施工

真石漆由高分子聚合物乳液、天然彩石砂及相关助剂制成，其干结固化后坚硬如石，具有仿真石效果，装饰效果酷似大理石、花岗石。

真石漆装修后的建筑物，具有天然真实的自然色泽，给人以高雅、和谐、庄重之美感；适合于各类建筑物的室内外装修。特别是在曲面建筑物上装饰，生动逼真，有一种回归自然的效果。真石漆自然色泽，具有天然石材的质感，是外墙干挂石材最佳替代品。

2.4.3.1 施工作业条件

（1）对混凝土、砖墙等基面，应用体积比1∶3的水泥砂浆抹底层、中层灰并抹压平整，但不得压光，表面要搓毛，切角应打毛。

（2）施工面不得有青苔、油渍或其他污染物。油渍可用10%的火碱溶液清洗，干净后再用清水清洗。为保证涂膜牢固，应对被涂物进行彻底的清理或涂刷界面剂，同时需要保持施工时面层干燥。

（3）对有旧涂膜的墙面，必须经试验确定可以附着新涂层后方可施工，否则应予以全部铲除。

2.4.3.2　常用施工工具

主要包括空气压力泵、喷枪、滚筒、粉线包等一些常用工具。

2.4.3.3　施工工艺

（1）涂刷抗碱性封闭底漆

涂刷抗碱性封闭底漆可防止施工时面层被透湿污染、渗色及发生霉变等，被涂物面均须涂刷抗碱性封闭底漆，应刷 1 ~ 2 遍，直到完全无渗色为止。

真石漆施工工艺

（2）放样弹线

根据设计要求的尺寸，用粉线包在相应的位置弹出分格线。

（3）贴线条胶带

在分格线位置上，用胶带纸粘贴分格。粘贴时应先贴直条后贴横条，在接头处可用钉子固定，以免喷涂后找不出胶带接头。胶带的宽度应符合设计要求，通常为 20 ~ 30mm。

（4）喷涂真石漆

施工采用喷涂工艺，喷涂的空气压力为 6 ~ 8kg/m^2，涂层厚度为 2 ~ 3mm。喷枪离开墙面的距离为 600 ~ 800mm，喷枪应垂直于墙面。喷涂时为防止成品被污染，可用胶纸或胶带贴在不需喷涂的物体上加以保护。喷涂后硬化需 24h，喷涂面必须与样板外观相符。

（5）去线条胶带

喷涂后即可去除胶带，去除时必须小心，不得影响涂膜切角，从下往上轻轻拉开胶带，不得用力过猛，以免拉坏面层。

（6）打磨

等真石漆面层达到一定强度（通常 1 ~ 1.5MPa）后，采用 400 ~ 600

号砂纸，轻轻抹平真石漆表面凸起的砂粒即可。注意用力不可太猛，否则会破坏漆膜，引起底部松动，严重时会造成附着力不够，真石漆脱落。

（7）喷涂面漆

为避免灰尘积留，研磨表面应喷刷一层强度更好的罩面清漆，面漆采用透明搪瓷漆，可采用喷涂或滚涂的方法施工。

【知识拓展】

2.4.4 涂饰工程质量要求、检验方法及安全技术

2.4.4.1 质量要求及检验方法

应在涂层完全干燥后，进行涂料工程验收。验收时，所用的材料品种、型号和性能应符合设计要求；施工后的颜色、图案应符合设计要求；涂料在基层上涂饰应均匀、粘结牢固，不得漏涂、透底、起皮和反锈。

施涂薄涂料的涂饰质量和检验方法，应符合表 2-13 的规定；施涂厚涂料、复层涂料的涂饰质量和检验方法，应符合表 2-14 的规定。

薄涂料的涂饰质量和检验方法　　　　　　　　　　　表 2-13

项次	项目	普通涂饰	高级涂饰	检验方法
1	颜色	均匀一致	均匀一致	观察
2	泛碱、咬色	允许少量轻微	不允许	
3	流坠、疙瘩	允许少量轻微	不允许	
4	砂眼、刷纹	允许少量轻微砂眼，刷纹通顺	无砂眼、无刷纹	
5	装饰线、分色线直线度允许偏差（mm）	2	1	拉 5m 线，不足 5m 拉通线，用钢直尺检查

厚涂料、复层涂料的涂饰质量和检验方法　　　　　　表 2-14

项次	项目	普通厚涂料	厚涂料	复层涂料	检验方法
1	颜色	均匀一致	均匀一致	均匀一致	观察
2	泛碱、咬色	允许少量轻微	不允许	不允许	
3	点状分布		疏密均匀		
4	喷点疏密程度			均匀，不允许连片	

2.4.4.2 涂料工程的安全技术

涂料材料和所用设备，必须由经过安全教育的专人保管，设置专用库房，各类储油原料的桶必须有封盖。

涂料库房与建筑物必须保持一定的安全距离，一般在 2m 以上。库房内严禁烟火，且有足够的消防器材。

施工现场必须具有良好的通风条件，通风不良时须安设通风设备，喷涂现场的照明灯应加保护罩。

使用喷灯，加油不得过满，打气不能过足，使用时间不宜过长，点火时火嘴不准对人。

使用溶剂时，应做好眼睛、皮肤等的防护，并防止中毒。

【能力测试】

1. 涂刷_____目的是防止施工时面层被透湿污染、渗色及发生霉变等。
2. 真石漆涂层厚度为_____mm。

【实践活动】

以 4～6 人为 1 个小组，在学校实训基地涂饰内墙乳胶漆。

【活动评价】

学生自评 (20%)	规范选用 涂饰内墙乳胶漆	正确☐ 合格☐	错误☐ 不合格☐
小组互评 (40%)	涂饰内墙乳胶漆 工作认真努力，团队协作	合格☐ 很好☐ 一般☐	不合格☐ 较好☐ 还需努力☐
教师评价 (40%)	涂饰内墙乳胶漆完成效果	优☐ 中☐	良☐ 差☐

项目 2.5 墙面裱糊工程施工

【项目描述】

墙面裱糊工程包括聚氯乙烯塑料壁纸、复合纸质壁纸、墙布等。

壁纸是广泛应用于室内天花、墙柱面的装饰材料之一，具有色彩多样、图案丰富、耐脏、易清洁、耐用等优点。

【学习支持】

墙面裱糊工程相关规范

1.《建筑装饰装修工程质量验收标准》GB 50210–2018

2.《建筑内部装修防火施工及验收规范》GB 50354–2005

3.《住宅室内装饰装修工程质量验收规范》JGJ/T 304–2013

【任务实施】

2.5.1 施工准备

1. 材料要求

（1）石膏、大白粉、滑石粉、聚醋酸乙烯乳液、羧甲基纤维素、108 胶等。

（2）壁纸：为保证裱糊质量，各种壁纸、墙布的质量应符合设计要求和国家标准。

（3）胶粘剂、嵌缝腻子和玻璃网格布等，应根据设计和基层的实际需要提前备齐。但胶粘剂应满足建筑物的防火要求，避免在高温下因胶粘剂失去粘结力使壁纸脱落而引起火灾。

2. 主要机具

裁纸工作台、钢板尺、壁纸刀、毛巾、塑料水桶、塑料脸盆、油工到板、拌腻子槽、小辊、开刀、毛刷、排笔、擦布成棉丝、粉线包、小白线、铁制水平尺、托线板、线坠、盒尺、钉子、锤子、铅笔和砂纸等。

2.5.2　施工要点

1. 基层处理

裱糊工程施工

若为混凝土墙面，可根据原基层质量的好坏，在清扫干净的墙面上满刮 1～2 道石膏腻子，干后用砂纸磨平、磨光。若为抹灰墙面，可满刮大白腻子 1～2 道找平、磨光，但不可磨破灰皮。石膏板墙用嵌缝腻子将缝堵实堵严，粘贴玻璃网格布或丝绸条、绢条等，然后局部刮腻子补平。混凝土或抹灰基层含水率不得大于 8%。

2. 刷封闭底胶

涂刷防潮底胶是为了防止壁纸受潮脱胶，一般对要裱糊塑料壁纸、壁布、纸基塑料壁纸、金属壁纸的墙面，涂刷防潮底漆。该底漆可涂刷，也可喷刷，漆液不宜厚，且要均匀一致。底胶一般是 1 遍成活，但不能漏刷、漏喷。

3. 计算用料、裁纸

按已量好的墙体高度放大 2～3cm，按此尺寸计算用料、裁纸，一般应在案子上裁割，将裁好的纸用湿温毛巾擦后，折好待用。

4. 刷胶、糊纸

分别在纸上及墙上刷胶，其刷胶宽度应吻合，墙上刷胶 1 次不应过宽。糊纸时从墙的阴角开始铺贴第 1 张，按已画好的垂直线吊直，并从上往下用手铺平，用刮板刮实，并用小辊子将上、下阴角处压实。第 1 张粘好留 1～2cm（应拐过阴角约 2cm），然后粘铺第 2 张，并压平、压实，与第 1 张搭槎 1～2cm，要自上而下对缝，拼花要端正，用刮板刮平。在第 1、2 张搭槎处切割开，将纸边撕去，边槎处带胶压实，并及时将挤出的胶液用湿温毛巾擦净，然后用相同的方法将接顶、接踢脚的边切割整齐，并带胶压实。墙面上遇有电门、插销盒时，应在其位置上破纸作为标记。在裱糊时，阳角不允许甩槎接缝，阴角处必须裁纸搭缝，不允许整张纸铺贴，避免产生空鼓与皱折。

5. 壁纸修整

糊纸后应认真检查，对墙纸的翘边翘角、气泡、皱折及胶痕未擦净等处，应及时处理和修整。

【知识拓展】

2.5.3 墙面裱糊质量标准和验收方法

1. 主控项目

（1）壁纸、墙布的种类、规格、图案、颜色和燃烧性能等级必须符合设计要求及国家现行标准的有关规定。

检验方法：观察；检查产品合格证书、进场验收记录和性能检测报告。

（2）裱糊工程基层处理质量应符合要求。

检验方法：观察；手摸检查；检查施工记录。

（3）裱糊后各幅拼接应横平竖直，拼接处花纹、图案应吻合，不离缝，不搭接，不显拼缝。

检验方法：观察；拼缝检查距离墙面 1.5m 处正视。

（4）壁纸、墙布应粘贴牢固，不得有漏贴、补贴、脱层、空鼓和翘边。

检验方法：观察；手摸检查。

2. 一般项目

（1）裱糊后的壁纸、墙布表面应平整，色泽一致，不得有波纹起伏、气泡、裂缝、皱折及斑污，斜视时应无胶痕。

检验方法：观察；手摸检查。

（2）复合压花壁纸的压痕及发泡壁纸的发泡层应无损坏。

检验方法：观察。

（3）壁纸、墙布与各种装饰线、设备线盒应交接严密。

检验方法：观察。

（4）壁纸、墙布边缘应平直整齐，不得有纸毛、飞刺。

检验方法：观察。

（5）壁纸、墙布阴角处搭接应顺光，阳角处应无接缝。

检验方法：观察。

【能力测试】

1. 壁纸、墙布应粘贴牢固，不得有漏贴、补贴、脱层、空鼓和翘边，检验方法是_____和_____检查。

2. 裱糊前应用_____涂刷基层。

【实践活动】

1. 参观施工好的裱糊墙面，对照技术规范要求，认知裱糊墙面组成，施工要求，并判断其是否符合要求。

2. 以 4 ~ 6 人为 1 个小组，在学校实训基地裱糊墙面。

【活动评价】

学生自评 (20%)	规范选用	正确□	错误□
	裱糊墙面	合格□	不合格□
小组互评 (40%)	裱糊墙面	合格□	不合格□
	工作认真努力，团队协作	很好□	较好□
		一般□	还需努力□
教师评价 (40%)	裱糊墙面完成效果	优□	良□
		中□	差□

项目 2.6　外墙防水工程施工

【项目描述】

外墙防水工程用于阻止水渗入建筑外墙，保护墙体，并能延长建筑物的使用年限，对保护建筑的使用功能有非常重要的作用。

外墙防水防护应满足的基本功能要求：应具有防止雨雪水侵入墙体的作用，保证火灾情况下的安全性，可承受风荷载的作用及可抵御冻融和夏季高温破坏的作用。

外墙防水工程的常用做法有外墙砂浆防水、涂膜防水和透气膜防水。

【学习支持】

2.6.1　外墙防水工程相关知识

2.6.1.1　外墙防水工程相关规范

1.《建筑装饰装修工程质量验收标准》GB50210-2018

2.《建筑外墙防水工程技术规程》JGJ/T 235-2011

2.6.1.2　外墙防水工程设置要求

1. 无外保温外墙的整体防水层应符合下列规定：

（1）采用涂料饰面时，防水层应设在找平层和涂料饰面层之间，防水层宜采用聚合物水泥防水砂浆或普通防水砂浆；

（2）采用块材饰面时，防水层应设在找平层和块材粘结层之间，防水层宜采用聚合物水泥防水砂浆或普通防水砂浆；

（3）采用幕墙饰面时，防水层应设在找平层和幕墙饰面之间，防水层宜采用聚合物水泥防水砂浆、普通防水砂浆、聚合物水泥防水涂料、聚合物乳液防水涂料或聚氨酯防水涂料。

2. 外保温外墙的整体防水层应符合下列规定：

（1）采用涂料或块材饰面时，防水层宜设在保温层和墙体基层之间，防水层可采用聚合物水泥防水砂浆或普通防水砂浆；

（2）采用幕墙饰面时，设在找平层上的防水层宜采用聚合物水泥防水砂浆、普通防水砂浆、聚合物水泥防水涂料、聚合物乳液防水涂料或聚氨酯防水涂料，当外墙保温层选用矿物棉保温材料时，防水层宜采用防水透气膜。

【任务实施】

2.6.2　砂浆防水工程施工

防水砂浆抹灰层的粘结性与基层工艺也息息相关，应增加对基层拉毛甩浆的隐蔽验收。

2.6.2.1 施工工艺流程

基层处理→砂浆防水层涂抹施工→外墙保温层的抗裂砂浆层施工

2.6.2.2 施工要点

1. 基层处理

（1）外墙结构表面的油污、浮浆应清除，孔洞、缝隙应堵塞抹平，不同结构材料交接处的增强处理材料应固定牢固。

（2）外墙结构表面清理干净后，做界面处理，涂层应均匀，不露底，待表面收水后，进行找平层施工。找平层砂浆强度和厚度应符合设计要求。厚度在 10mm 以上时，应分层压实、抹平。

（3）基层表面应为平整的毛面，光滑表面做界面处理，并充分湿润。

（4）防水砂浆按规定比例搅拌均匀，配制好的防水砂浆在 1h 内用完，施工中不得任意加水。

（5）界面处理材料涂刷厚度应均匀、覆盖完全，收水后应及时进行防水砂浆的施工。

（6）保温层应固定牢固，表面平整、干净。

2. 砂浆防水层涂抹施工

（1）厚度大于 10mm 时应分层施工，第二层应待前一层指触不粘时进行，各层粘结牢固。每层连续施工，当需要留槎时，应采用阶梯坡形槎，接槎部位离阴阳角不小于 200mm，上下层接槎应错开 300mm 以上。接槎应依层次顺序操作、层层搭接紧密。涂抹时应压实、抹平，并在初凝前完成。遇气泡时应挑破，保证铺抹密实。

（2）窗台、窗楣和凸出墙面的腰线等部位上表面的流水坡应找坡准确，外口下沿的滴水线应连续、顺直。

（3）砂浆防水层分格缝的留设位置和尺寸应符合设计要求。分格缝的密封处理应在防水砂浆达到设计强度的 80% 后进行，密封前将分格缝清理干净，密封材料应嵌填密实。

（4）砂浆防水层转角抹成圆弧形，圆弧半径应大于等于 5mm，转角抹压应顺直。

（5）门框、窗框、管道、预埋件等与防水层相接处留 8 ～ 10mm 宽的凹槽，做密封处理。

（6）砂浆防水层未达到硬化状态时，不得浇水养护或直接受雨水冲刷。聚合物水泥防水砂浆硬化后，应采用干湿交替的养护方法；普通防水砂浆防水层应在终凝后进行保湿养护。养护时间不少于 14d，养护期间不得受冻。

3. 外墙保温层的抗裂砂浆层施工

（1）抗裂砂浆施工前应先涂刮界面处理材料，然后分层抹压抗裂砂浆。

（2）抗裂砂浆层的中间设置耐碱玻纤网格布或金属网片。金属网片与墙体结构固定牢固。

（3）玻纤网格布铺贴应平整、无皱折，两幅间的搭接宽度不小于 50mm。

（4）抗裂砂浆应抹平压实，表面无接槎印痕，网格布或金属网片不得外露。防水层为防水砂浆时，抗裂砂浆表面搓毛。

（5）抗裂砂浆终凝后，及时洒水养护，养护时间不得少于 14d。

【知识拓展】

2.6.2.3　外墙砂浆防水工程施工质量检测及验收

1. 主控项目

（1）砂浆防水层所用砂浆品种及性能应符合设计要求及国家现行标准的有关规定。

检验方法：检查产品合格证书、性能检验报告、进场验收记录和复验报告。

（2）砂浆防水层在变形缝、门窗洞口、穿外墙管道和预埋件等部位的做法应符合设计要求。

检验方法：观察；检查隐蔽工程验收记录。

（3）砂浆防水层不得有渗漏现象。

检验方法：检查雨后或现场淋水检验记录。

（4）砂浆防水层与基层之间及防水层各层之间应粘结牢固，不得有空鼓。

检验方法：观察；用小锤轻击检查。

2. 一般项目

（1）砂浆防水层表面应密实、平整，不得有裂纹、起砂和麻面等缺陷。

检验方法：观察。

（2）砂浆防水层施工缝位置及施工方法应符合设计及施工方案要求。

检验方法：观察。

（3）砂浆防水层厚度应符合设计要求。

检验方法：尺量检查；检查施工记录。

【任务实施】

2.6.3 涂膜防水工程工程施工

2.6.3.1 施工工艺流程

基层处理→涂膜防水工程施工

2.6.3.2 施工要点

1. 基层处理

同砂浆防水施工的基层处理（安排专人负责）。

2. 涂膜防水工程施工

（1）涂料施工前应先对细部构造进行密封或增强处理。

（2）涂料的配制和搅拌：双组分涂料配制前，将液体组分搅拌均匀。配料应按规定要求进行，采用机械搅拌。配制好的涂料应色泽均匀，无粉团、沉淀。

（3）涂料涂布前，应先涂刷基层处理剂。

（4）涂膜分多遍完成，后遍涂布应在前遍涂层干燥成膜后进行。每遍涂布应交替改变涂层的涂布方向，同一涂层涂布时，先后接槎宽度为30～50mm。甩槎应避免污损，接涂前应将甩槎表面清理干净，接槎宽度不小于100mm。

（5）胎体增强材料应铺贴平整、排除气泡，不得有褶皱和胎体外露，胎体层充分浸透防水涂料；胎体的搭接宽度不小于50mm，底层和面层涂膜厚度不小于 0.5mm。

【知识拓展】

2.6.3.3 涂膜防水工程施工质量检测及验收

1. 主控项目

（1）涂膜防水层所用防水涂料及配套材料的品种及性能应符合设计要求及国家现行标准的有关规定。

检验方法：检查产品出厂合格证书、性能检验报告、进场验收记录和复验报告。

（2）涂膜防水层在变形缝、门窗洞口、穿外墙管道、预埋件等部位的做法应符合设计要求。

检验方法：观察；检查隐蔽工程验收记录。

（3）涂膜防水层不得有渗漏现象。

检验方法：检查雨后或现场淋水检验记录。

（4）涂膜防水层与基层之间应粘结牢固。

检验方法：观察。

2. 一般项目

（1）涂膜防水层表面应平整，涂刷应均匀，不得有流坠、露底、气泡、皱折和翘边等缺陷。

检验方法：观察。

（2）涂膜防水层的厚度应符合设计要求。

检验方法：针测法或割取 20mm × 20mm 实样用卡尺测量。

【任务实施】

2.6.4 透气膜防水工程施工

2.6.4.1 施工工艺流程

基层处理→涂膜防水工程施工

2.6.4.2　施工要点

1. 基层处理

同砂浆防水施工的基层处理（安排专人负责）。

2. 透气膜防水工程施工

（1）基层表面应平整、干净、干燥、牢固，无尖锐凸起物。

（2）铺设从外墙底部一侧开始，将防水透气膜沿外墙横向展开，铺于基面上。沿建筑立面自下而上横向铺设，按顺水方向上下搭接。当无法满足自下而上铺设顺序时，应确保沿顺水方向上下搭接。

（3）防水透气膜横向搭接宽度不小于100mm，纵向搭接宽度不小于150mm。搭接缝采用配套胶粘带粘结。相邻两幅膜的纵向搭接缝相互错开，间距不小于500mm。

（4）防水透气膜随铺随固定，固定部位预先粘贴小块丁基胶带，用带塑料垫片的塑料锚栓将透气膜固定在基层墙体上，固定点每平方米不少于3处。

（5）铺设在窗洞或其他洞口处的防水透气膜需裁开，用配套胶粘带固定在洞口内侧。与门、窗框连接处应使用配套胶粘带满粘密封，四角用密封材料封严。

（6）幕墙体系中穿透防水透气膜的连接件周围用配套胶粘带封严。

【知识拓展】

2.6.4.3　透气膜防水工程施工质量检测及验收

1. 主控项目

（1）透气膜防水层所用透气膜及配套材料的品种及性能应符合设计要求及国家现行标准的有关规定。

检验方法：检查产品出厂合格证书、性能检验报告、进场验收记录和复验报告。

（2）透气膜防水层在变形缝、门窗洞口、穿外墙管道和预埋件等部位的做法应符合设计要求。

检验方法：观察；检查隐蔽工程验收记录。

（3）透气膜防水层不得有渗漏现象。

检验方法：检查雨后或现场淋水检验记录。

（4）防水透气膜应与基层粘结固定牢固。

检验方法：观察。

2. 一般项目

（1）透气膜防水层表面应平整，不得有皱折、伤痕、破裂等缺陷。

检验方法：观察。

（2）防水透气膜的铺贴方向应正确，纵向搭接缝应错开，搭接宽度应符合设计要求。

检验方法：观察；尺量检查。

（3）防水透气膜的搭接缝应粘结牢固、密封严密；收头应与基层粘结固定牢固，缝口应严密，不得有翘边现象。

检验方法：观察。

【能力测试】

1. 抗裂砂浆终凝后，及时洒水养护，养护时间不得少于_____d。

2. 防水透气膜横向搭接宽度不小于_____mm，纵向搭接宽度不小于150mm。搭接缝采用配套胶粘带粘结。相邻两幅膜的纵向搭接缝相互错开，间距不小于_____mm。

3. 防水透气膜基层表面应平整、干净、_____、牢固，无尖锐凸起物。

4. 涂膜防水层的厚度应符合设计要求。检验方法是_____或割取20mm×20mm实样用卡尺测量。

【实践活动】

1. 有条件的情况下，参观抹好的涂膜防水工程，对照技术规范要求，认知涂膜防水工程要求，并判断其是否符合要求。

2. 以4～6人为一个小组，在学校实训基地抹涂膜防水工程。

【活动评价】

学生自评 （20%）	规范选用	完全正确□	正确□
		基本正确□	错误□
	涂膜防水	合格□	不合格□
小组互评 （40%）	涂膜防水 工作认真努力，团队协作	合格□	不合格□
		很好□	较好□
		一般□	还需努力□
教师评价 （40%）	涂膜防水完成效果	完成效果优□	良□
		完成效果中□	差□

模块 3
楼地面工程施工

【模块概述】

建筑楼地面是房屋建筑底层地面与楼层地面的总称，是建筑的主要部位。楼地面工程可按照面层结构分为整体面层、块材面层和木、竹面层。楼地面在建筑中主要起到加强和保护结构层，满足人们的使用要求，分隔空间以及隔声、保温、找坡、防水、防潮和防渗等作用。楼地面需要满足以下要求：①要有足够的强度和耐腐蚀性能，可以抵抗各种侵蚀、摩擦及冲击作用；②坚固耐久，对房屋的主体结构能起保护作用；③根据不同的使用功能要求，楼地面应具有相应的耐磨、防水、防潮、防滑、防静电和易于清扫等特点。本模块着重讨论各类整体面层、块材面层和木、竹面层的构造组成、施工方法、质量标准及检测验收方法。

【学习目标】

通过本模块的学习，你将能够：

（1）认知各类建筑楼地面的构造组成；

（2）认知各类楼地面工程的施工工艺；

（3）会进行楼地面工程的施工；

（4）能参与楼地面工程施工质量检测验收。

项目 3.1   整体楼地面工程施工

【项目描述】

整体面层做法主要有灰土、三合土、菱苦土、水泥砂浆、混凝土、现浇水磨石、沥青砂浆和沥青混凝土等。本项目主要学习水泥砂浆楼地面、现浇水磨石楼地面施工的工艺流程、施工要点及质量标准和检验方法。

【学习支持】

3.1.1   楼地面工程相关知识

3.1.1.1   楼地面工程相关规范

（1）《建筑地面工程施工质量验收规范》GB 50209–2010

（2）《建筑工程施工质量验收统一标准》GB 50300–2013

3.1.1.2   楼地面的构造及分类

1. 建筑楼地面的构造组成

建筑楼地面主要由面层、垫层和基层等部分组成，如图 3-1 所示。

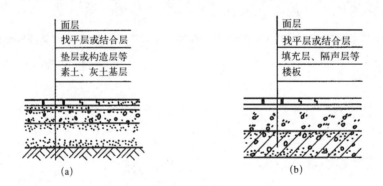

图 3–1   楼面地面构造层次示意图

(a) 地面；(b) 楼面

面层：是楼地面的最上层，也是表面层，承受各种物理化学作用，并起美化和改善环境及保护结构层的作用。对面层的一般要求是要有足够的坚固性和耐磨性，表面平整，易于清洁，而且要经济、适用、美观。

垫层：是在基层和面层之间的结构层，其作用是将面层传来的各种上部荷载均匀传递到基层上，楼面的垫层还起着隔声和找坡的作用。

基层：是地面的基础，它承担由垫层传来的荷载，一般用素土夯实或加入碎砖夯实。楼面的基层是楼板。

2. 楼地面的分类

楼地面工程按照面层结构分为：

（1）整体面层：如灰土、三合土、菱苦土、水泥砂浆、混凝土、现浇水磨石、沥青砂浆、沥青混凝土、涂布面层（如环氧树脂涂布地面、聚合物水泥涂布地面）等。

（2）块材面层：如大理石板材、花岗石板材、预制水磨石、水泥花砖、釉面砖、陶瓷锦砖、塑料板地板、金属板、地毯等。

（3）木竹面层：如实木地板、复合木地板、竹地板等。

3.1.1.3　楼地面的基层施工

（1）地面的基层一般用素土夯实或加入碎砖夯实。用碎砖、碎石或卵石等做地基表面处理时，其深度不应小于 400mm。

（2）楼层的基层是楼板。应做好楼板板缝灌浆、堵塞和板面清理工作。

3.1.1.4　楼地面的垫层施工

楼地面垫层按所用材料性质的不同分为刚性垫层、半刚性垫层和柔性垫层。

1. 刚性垫层

刚性垫层指将水泥混凝土、水泥碎砖混凝土、水泥炉渣混凝土和水泥石灰炉渣混凝土等各种低强度等级混凝土铺在基土上的垫层。水泥炉渣混凝土中的炉渣使用前应浇水闷透；水泥石灰炉渣混凝土所用炉渣，应先用石灰浆或熟化石灰浇水拌合闷透，闷透时间不得少于 5d。

刚性垫层强度高，整体性好，适用于楼地面和室外台阶、散水、明沟和坡道等附属工程。

水泥混凝土垫层的厚度一般为 60 ～ 100mm，混凝土强度等级不宜低于 C10。其施工要点如下：

（1）清理基层。浇筑混凝土之前，应先清除基土上的淤泥和杂物。基土若为干燥的非黏性土，应用水湿润，但表面不应留有积水。

（2）抄平、弹水平控制线。根据墙柱面上的 +50cm 标高线，进行抄平、弹水平控制线。有条件的可弹在四周墙上，或钉好水平控制线桩，控制垫层厚度及标高。浇筑大面积混凝土垫层时，应纵横每 3m 左右设中间水平控制桩，也可用细石混凝土或砂浆做找平墩。

（3）制备混凝土。混凝土应根据配合比配置，严格控制好用水量。

（4）铺设混凝土。浇筑混凝土垫层前，基层应洒水湿润。混凝土铺设时应从一端开始，由内向外退着铺设，混凝土的铺设应连续进行，间歇一般不得超过 2h。大面积垫层应分区段进行，各区段应结合变形缝的位置，依据不同材料的地面面层的连接处或设备基础等位置进行划分。

（5）振捣、找平。混凝土垫层的振捣采用平板振捣器振捣，厚度超过 200mm 时采用插入式振捣器振捣，其移动距离不应大于作用半径的 1.5 倍且不漏振，确保混凝土的密实。振捣密实后以墙上水平标高线或地上找平墩为标志检查平整度，用水平木刮尺刮平，再用木抹子搓平，有坡度要求的按设计要求坡度施工。

（6）养护。混凝土垫层浇筑完毕后，应在 12h 内洒水养护，且养护不得少于 7d。

2. 半刚性垫层

半刚性垫层主要包括灰土垫层、三合土垫层和石灰炉渣垫层等做法。

（1）灰土垫层

灰土垫层是用熟化石灰和黏性土（黏土、亚黏土、轻亚黏土）在最佳含水量情况下，充分拌合，分层回填夯实或压实而成。灰土垫层的厚度一般不小于 100mm，适合于不受地下水浸湿的地基。灰土拌合料的体积比宜为 3：7（熟化石灰：黏土）或按设计要求配料。

拌合应均匀，使其颜色均匀一致，加水适度，拌合水量应控制在拌合料质量的 16% 左右，以拌合土手握成团，两指轻捏即碎为宜，水过多应晾干，不足应洒水湿润。石灰在使用前 3 ~ 4d 洒清水粉化，充分熟化，过筛，颗粒不得大于 5mm；不得含有未消解的生石灰块，也不得含有过多的水分。磨细的石灰粉可直接使用，也可按体积比预先与黏土拌合，洒水堆放 8h 后使用。土以粉质黏土为好，不得含有机杂质，使用前应过筛，颗粒不得大于 15mm，冬期施工时不得使用冻土或含有冻土的土料。

灰土夯实后应清边铲平，使标高和平整度均符合要求，达到表面平整，无松散、起皮和裂缝现象，随后及时进行下道工序，以防日晒干裂或雨淋水泡。如不能马上进行下道工序应做临时遮盖。

（2）三合土垫层

三合土垫层是将熟石灰、碎料（如碎砖、碎石、卵石、矿渣等）和砂（用中砂、粗砂，也可掺少量黏土）按一定体积比加水拌合均匀后铺设在基土上并夯实的垫层。

其配合比（体积比）一般为石灰 : 砂 : 碎料 =1 : 2 : 4 或 1 : 3 : 6。拌合时将熟石灰、砂、碎料按配合比掺混，加水后拌合至均匀，或者用石灰浆与砂拌合成石灰砂浆，再加入碎料充分拌合均匀后，进行铺设。

三合土的铺设方法有两种：

方法一：先拌合后铺设。将拌合料拌好后进行铺设，每层的虚铺厚度不小于 150mm，铺平后再均匀夯实，夯实后厚度为虚铺厚度的 3/4，即 120mm 为宜。

方法二：将碎料铺设夯实后，再灌砂浆。碎料应分层铺设，并适当洒水湿润，每层虚铺厚度不宜大于 120mm，并用平板拍实，铺平后按 1 : 2 ~ 1 : 4（体积比）的配合比配置石灰砂浆，然后灌浆，再进行均匀夯实。

三合土的夯实可采用人工或机械夯实，夯实时用力均匀，一夯压半夯。经夯打后应密实，表面平整，高低偏差不大于 15mm。夯打时如发现三合土太干，应补浇石灰浆，并随浇随打。铺设到设计标高最后 1 遍夯打时，需加浇浓浆 1 层，待表面略晾干后，再在上面铺 1 层砂子或炉渣，进行最后整平夯实，至表面泛浆为止。

（3）石灰炉渣垫层

将石灰和炉渣按石灰 : 炉渣 =2 : 8 或 3 : 7（体积比）的配合比拌合而

成，其厚度不宜小于 60mm。石灰应为熟化石灰，使用前 3 ~ 4d 将生石灰洒水粉化，并加以过筛，其粒径不得大于 5mm。炉渣宜采用软质烟煤炉渣，其表观密度为 800kg/m³。炉渣内不得含有机杂质和未燃尽的煤块，其粒径不得大于 40mm，且不得大于垫层厚度的 1/2，粒径在 5mm 以下的，不得超过总体积的 40%。采用钢渣或高炉重矿渣时，应在露天堆放 60d 以上至不再分解后方可使用。拌合必须充分均匀，加水量应严格控制，拌合物以拌合后能手捏成团，铺设时表面不呈现泌水现象为宜。铺设后应压实拍平，垫层厚度如大于 120mm，应分层铺设，压实后的厚度不应大于虚铺厚度的 3/4。

3. 柔性垫层

柔性垫层是将土、砂、石、炉渣等散装材料铺设在基土层上经压实而成的垫层。砂垫层厚度应不小于 60mm，适当浇水用平板振动器振实；砂石垫层的厚度不小于 100mm，要求粗细颗粒级配良好，不得含有草根、垃圾等有机杂物，摊铺均匀，浇水使砂石表面湿润，碾压或夯实不少于 3 遍至不松动为止。

砂垫层和砂石垫层适用于处理透水性强的基土，而不适用于湿陷性黄土地基和不透水的黏性土地基。

有时尚应在垫层上做水泥砂浆、混凝土、沥青砂浆或沥青混凝土等找平层。

【任务实施】

3.1.2 水泥砂浆楼地面工程施工

水泥砂浆楼地面工程的面层是将按一定配合比拌制的水泥砂浆拌合料铺设在水泥混凝土垫层、水泥混凝土找平层或钢筋混凝土板等基层上，水泥砂浆面层厚度不应小于 20mm。一般用于工业与民用建筑的楼地面。其主要特点是：平整、耐磨、强度较高，造价低，施工简便；但美观不足，无弹性，易开裂起砂，地表面还容易产生凝结水。

3.1.2.1 施工准备

1. 材料准备

（1）水泥：宜采用强度等级不低于 42.5 级的硅酸盐水泥或普通硅酸盐水泥。

（2）砂：应采用中砂或粗砂，含泥量不得大于 3%，过 8mm 孔筛除杂物。

（3）砂浆配合比：不低于 1 ：2（体积比）。

2. 机具准备

主要有砂浆搅拌机、手推车、抹光机、木抹子、铁抹子、水平尺、钢卷尺、尼龙线、刮尺（长、短木杠）、粉线袋、靠尺、地面分格器、钢丝刷、喷壶、扫帚等。

3.1.2.2 施工工艺

1. 工艺流程

基层处理→弹准线→做灰饼、冲标筋→刷素水泥浆→铺灰抹压、刮平→木抹子压实、搓平→铁抹子压光（3 遍）→养护

2. 操作要点

（1）基层处理。基层处理是防止水泥砂浆面层空鼓、裂纹、起砂等质量通病的关键工序。垫层应具有粗糙、洁净和潮湿的表面，浮灰、油渍、杂质必须清理干净，表面比较光滑的基层应凿毛，并用清水冲洗干净。

（2）弹准线。在四周墙上弹出 1 道水平基准线，作为确定水泥砂浆面层标高的依据。水平基准线是以地面 ±0.000m 及楼层砌墙前的抄平点为依据，一般可根据情况弹在标高 +50cm 的墙上，如图 3-2 所示。要按设计要求的水泥砂浆面层厚度弹线。

（3）做灰饼、冲标筋。面积不大的房间，可根据水平基准线直接用长木杠抹标筋，施工中进行几次复尺即可。面积较大的房间，应根据水平基准线，在四周墙角处每隔 1.5 ～ 2.0m 用体积比 1 ：2 的水泥砂浆抹灰饼（标志块），标志块大小一般是 8 ～ 10cm 见方。待标志块结硬后，再以标志块的高度做出纵横方向通长的标筋以控制面层的厚度。

地面标筋用体积比 1 ：2 的水泥砂浆制作，宽度一般为 8 ～ 10cm。冲标筋时，要注意控制面层厚度，面层的厚度应与门框的锯口线吻合。有坡度、地漏的房间，应找出不小于 5% 的坡度，地漏标筋应做成放射状，以保证流水坡向。

（4）刷素水泥浆。铺抹水泥砂浆面层前，先将基层浇水湿润，第 2 天先刷 1 道水灰重量比为 0.4 ～ 0.5 的素水泥浆结合层，随即进行面层铺抹砂浆。

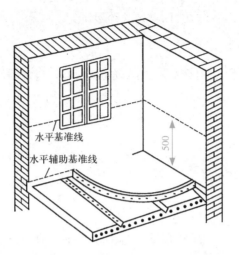

水平基准线

水平辅助基准线

500

图 3-2　弹准线示意（mm）

一定要随刷随抹，如果水泥素浆结合层过早涂刷，则起不到与基层和面层两者粘结的作用，反而易造成地面空鼓。

（5）铺灰、刮平。刷 1 道素水泥浆结合层后，随即在标筋之间铺砂浆，随铺随用木抹子拍实，用短木杠按标筋标高刮平，刮平时由里往外刮到门口，符合门框锯口线标高。

（6）抹压。抹压分 3 遍进行，3 遍成活。铺灰刮平后，先用木抹子搓平，并用铁抹子紧跟着压头遍。抹压要轻，使抹子纹浅一些，以压光后表面不出现水纹为宜。

如面层有多余的水分，可根据水分的多少适当均匀地撒一层干水泥或干拌水泥砂（水泥：砂 =1 ：1）（体积比）来吸收面层表面多余的水分，再压实压光（但要注意如表面无多余的水分，不得撒干水泥或干水泥砂），同时把踩的脚印压平并随手把踢脚板上的灰浆刮干净。

当水泥砂浆开始初凝时（即人踩上去有脚印但不塌陷）即可开始用铁抹子第 2 遍压光，从边角到大面，顺序加力压实抹光。第 2 遍压光最重要，要压实、压光、不漏压，表面要清除气泡、孔隙，做到平整光滑。

第 3 遍抹压要在水泥砂浆终凝前完成，人踩上去稍有细微脚印，但抹子抹上去不再有抹子纹时，即可用铁抹子压第 3 遍。抹压时用劲要稍大些，并把第 2 遍留下的抹子纹、毛细孔压平、压实、压光。

（7）分格。当地面面积较大，设计要求分格时，应根据地面分格线的位置和尺寸，在墙上或踢脚板上划好分格线位置，在面层砂浆刮抹搓平后，根据墙上或踢脚板上已划好的分格线，先用木抹子搓出 1 条约 1 抹子宽的面层，用铁抹子先行抹平，轻轻压光，再用粉线袋弹上分格线，将靠尺放在分格线上，用地面分格器紧贴靠尺顺线划出格缝。

分格缝做好后，要及时把脚印、工具印子等刮平、搓平整。

在面层水泥终凝前，再用铁抹子压平压光，把分格缝理直压平。

（8）养护。水泥砂浆面层压光后，应在常温湿润条件下养护。一般夏季在 24h 后养护，春秋季节应在 48h 后养护，养护时间一般不少于 7d。采用矿渣水泥时，养护时间应延长至 14d。

养护方法：在地面铺上锯木屑再浇水养护，保持锯木屑湿润。

水泥砂浆面抹好 3d 内（即水泥砂浆面层抗压强度达到 5MPa 前），不准在上面行走或进行其他作业。

3.1.2.3　水泥砂浆地面的质量标准和检验方法

1. 主控项目

（1）水泥宜采用硅酸盐水泥、普通硅酸盐水泥，不同品种、不同强度等级的水泥不应混用；砂应为中粗砂，当采用石屑时，其粒径应为 1 ~ 5mm，且含泥量不应大于 3%；防水水泥砂浆采用的砂或石屑，其含泥量不应大于 1%。

检验方法：观察检查和检查质量合格证明文件。

检查数量：同一工程、同一强度等级、同一配合比检查一次。

（2）防水水泥砂浆中掺入的外加剂的技术性能应符合国家现行有关标准的规定，外加剂的品种和掺量应经试验确定。

检验方法：观察检查和检查质量合格证明文件、配合比试验报告。

检查数量：同一工程、同一强度等级、同一配合比、同一外加剂品种、同一掺量检查一次。

（3）水泥砂浆的体积比（强度等级）应符合设计要求，且体积比应为 1 ： 2，强度等级不应小于 M15。

检验方法：检查强度等级检测报告。

（4）有排水要求的水泥砂浆地面，坡向应正确、排水通畅；防水水泥砂浆面层不应渗漏。

检验方法：观察检查和蓄水、泼水检验或坡度尺检查及检查检验记录。

（5）面层与下一层应结合牢固，且应无空鼓和开裂。当出现空鼓时，空鼓面积不应大于400cm²，且每自然间或标准间不应多于2处。

检验方法：观察和用小锤轻击检查。

2. 一般项目

（1）面层表面的坡度应符合设计要求，不应有倒泛水和积水现象。

检验方法：观察和采用泼水或坡度尺检查。

（2）面层表面应洁净，不应有裂纹、脱皮、麻面、起砂等现象。

检验方法：观察检查。

（3）踢脚线与柱、墙面应紧密结合，踢脚线高度及出柱、墙厚度应符合设计要求且均匀一致。当出现空鼓时，局部空鼓长度不应大于300mm，且每自然间或标准间不应多于2处。

检验方法：用小锤轻击、钢尺和观察检查。

（4）楼梯、台阶踏步的宽度、高度应符合设计要求，楼层梯段相邻踏步高度差不应大于10mm；每踏步两端宽度差不应大于10mm，旋转楼梯梯段的每踏步两端宽度的允许偏差不应大于5mm。踏步面层应做防滑处理，齿角应整齐，防滑条应顺直、牢固。

检验方法：观察和用钢尺检查。

（5）水泥砂浆面层的允许偏差应符合表3-1的规定。

整体面层的允许偏差和检验方法 　　　　　　　　　　　表3-1

项次	项目	允许偏差（mm）									检验方法
		水泥混凝土面层	水泥砂浆面层	普通水磨石面层	高级水磨石面层	硬化耐磨面层	防油渗混凝土和不发火（防爆）面层	自流平面层	涂料面层	塑胶面层	
1	表面平整度	5	4	3	2	4	5	2	2	2	用2m靠尺和楔形塞尺检查

续表

项次	项目	允许偏差（mm）									检验方法
		水泥混凝土面层	水泥砂浆面层	普通水磨石面层	高级水磨石面层	硬化耐磨面层	防油渗混凝土和不发火（防爆）面层	自流平面层	涂料面层	塑胶面层	
2	踢脚线上口平直	4	4	3	3	4	4	3	3	3	拉5m线和用钢尺检查
3	缝格顺直	3	3	3	2	3	3	2	2	2	

冬期施工必须采取防冻措施，保证室内有一定温度。刮风天气施工水泥地面应遮挡门窗，避免直接风吹，防止表面水分迅速蒸发而产生龟裂。

3.1.2.4 水泥砂浆楼地面质量通病

1. 空鼓、脱皮

原因分析：基层未清理干净，或未充分湿润等。

防治措施：面层施工前应将基层清扫干净，铲除基层上的浮皮，冲洗干净晾干，面层施工时随刮素水泥浆，随铺抹面层砂浆，面层砂浆应刮平、压实。

2. 起砂

原因分析：①水泥强度等级过低，或水泥受潮结块，安定性不合格；②砂浆水灰比过大，含泥量过大，砂子过细；③养护不足，过早使用或遭受冻害。

防治措施：①水泥应采用强度等级不低于42.5级的水泥，砂应采用中砂或粗砂，含泥量不得大于3%，水灰比为0.55，稠度不大于3.5cm；②养护应在完工24h后开始，用草袋覆盖，保持湿润，养护时间不得少于7d，冬期应关窗防冻，养护期内不得上人；③控制好压光时间，初凝前压光，抹压至少3遍，不准收压过夜的砂浆。

【任务实施】

3.1.3 现浇水磨石楼地面工程施工

水磨石面层是用天然石渣、水泥、颜料加水拌合，摊铺抹面，经抹光、打蜡而成的。水磨石面层有现浇和预制两种，现浇水磨石根据使用材料不同，又分为普通水磨石和美术水磨石（彩色水磨石）。水磨石面层饰面美观大方，平整光滑，整体性好，坚固耐久，易于清洁，但施工时湿作业工序多，工期长。现浇水磨石楼地面适用于有防尘、保洁要求的工业与公共建筑的地面，如教学楼、医疗用房、门厅、营业厅、卫生间、车间、实验室等。

现浇水磨石楼面构造如图 3-3 所示，现浇水磨石楼面现场施工如图 3-4 所示。

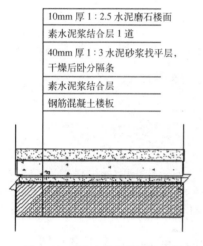

图 3-3　现浇水磨石楼面构造图　　　　图 3-4　现浇水磨石楼面现场施工图

3.1.3.1　施工准备

1. 材料准备

（1）水泥：白水泥或彩色水泥，强度等级不宜低于 42.5 级，且应按批、按品种分别堆放，同颜色的面层应使用同一批水泥。

（2）石粒：大理石、白云石、方解石或硬度较高的花岗岩、玄武岩、辉绿岩等，但硬度过高的石英岩、长石、刚玉等不宜采用。石粒的粒径以 4 ~ 12mm 为宜，最大粒径以比水磨石面层厚度小 1 ~ 2mm 为宜。

（3）分格条：一般用 1.2 ~ 2mm 厚的铜条或 3mm 厚玻璃条，也可使用铝条，使用铝条时，先做防腐处理，刷 1 遍调和漆或 1 ~ 2 遍清漆。也可使用不锈钢、硬质聚氯乙烯制品。分格条宽度由面层厚度而定。

（4）颜料：采用耐光、耐碱、着色力好的矿物颜料，其掺入量为水泥用量的 3%～6%，同一彩色地面，应选用同一厂家、同一批量、质量合格的产品。

（5）草酸：为乳白色块状或粉状，有毒，严禁接触食物，使用前用热水溶化，浓度宜为 10%～25%，冷却后使用。

（6）地板蜡：用天然蜡或石蜡溶化配置而成，有液体型、糊型和水乳化型等类型。

2. 机具准备

主要有磨石机（用于研磨水磨石地面和上光蜡）、砂浆搅拌机、手推车、手提式水磨石机（用于水磨石地面边角处和形状复杂的表面研磨）、磨石、木抹子、铁抹子、靠尺、钢卷尺、刮尺（长、短木杠）、墨斗、扫帚等。

3.1.3.2 施工工艺

1. 施工工艺流程

基层清理、湿润→抹找平层、养护→弹线、嵌分格条→铺抹水泥石子浆→养护、试磨→第 1 遍磨平浆面并养护→第 2 遍磨平磨光浆面并养护→第 3 遍磨光并养护→酸洗、打蜡

2. 施工要点

（1）基层清理、湿润

将混凝土基层上的浮灰、污物清理干净，并洒水湿润。

（2）抹找平层、养护

根据墙面上 +50cm 水平标准线，弹好底层砂浆表面水平线。在房间四周做灰饼，以灰饼厚度做出纵横标筋。标筋硬化后，浇水湿润基层，刮素水泥一道，随即铺抹水泥砂浆找平层（结合层），用长木杠拍实、刮平。待砂浆收水后，用木抹子在其表面搓毛打平。用靠尺检查其平整度，其偏差不应超过 3mm，24h 后洒水养护。

（3）弹线、嵌分格条

待水泥砂浆找平层铺抹 12～24h 有一定硬度后，即可在找平层上按设计要求的线型弹分格线。一般分格尺寸一般为 1m×1m，从中间向四周分格弹线，非整块设在周边。

嵌条时，用木条顺线找齐，将嵌条紧靠在木条边上，用素水泥浆涂抹嵌

条的一边，先稳好一面，然后移走木条，在嵌条的另一边涂抹水泥浆，分格条下的水泥浆抹成八字形灰埂固定（图 3-5a）。分格条的十字交叉处，在每边各留 40 ~ 50mm 空隙不抹水泥浆，以使水泥石子浆能靠近分格条十字交叉处（图 3-5b）。

分格条粘嵌完毕 12h 后，浇水养护 2 ~ 3d，加强看护，以免碰坏。

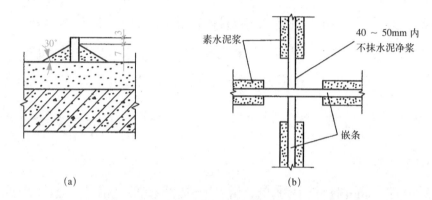

图 3-5　水磨石嵌条粘贴方法示意图

（4）铺抹水泥石子浆

分格条粘嵌养护 2 ~ 3d 后，将水泥砂浆找平层表面清理干净，刷素水泥浆（体积比 1 : 0.4 ~ 0.5）1 道，随刷随铺面层水泥石子浆。

铺石子浆的顺序是：先铺嵌条两边，再将石子浆倒入分格中央，将石子浆由中间向四周推平、抹平，再均匀撒一层彩色石米。

在推平过程中，切忌用刮杠在表面刮平，这样容易造成石米分布不均或者局部石米偏少，使整体不统一。

虚铺比嵌条高 1 ~ 2mm。待水磨后，面层与嵌条能保持高低一致。

操作时，应先做深色后做浅色，先做大面后做边角。待深色石子浆凝固后再铺浅色石子浆。严禁几种颜色同时抹灰，做成混色，界限不清，影响施工质量。一般隔日铺设一种颜色。

铺完石子浆后，即用大小钢滚筒或混凝土滚筒压实。12h 后浇水，养护 3 ~ 7d。

（5）试磨

水磨石开磨前应先试磨，表面石粒不松动时方可开磨。一般开磨时间参见表 3-2。

现浇水磨石面层开磨参考时间　　　　　　　　表 3-2

平均温度（℃）	开磨时间（d）	
	机磨	人工磨
20 ～ 30	2 ～ 3	1 ～ 2
10 ～ 20	3 ～ 4	1.5 ～ 2.5
5 ～ 10	5 ～ 6	2 ～ 3

（6）研磨

水磨石面一般采用"三磨二浆"法，即整个磨光过程为研磨 3 遍，补浆 2 次。

第 1 遍磨：先用 60 ～ 90 号粗金刚石，磨石机走"8"字形，边磨边加水冲洗，并随时用 2m 靠尺板进行平整检查，要求磨均磨平，嵌条全部露出，磨后用水冲洗干净，用同色水泥浆补浆 1 次，填实砂眼凹坑，养护 2 ～ 3d。

第 2 遍磨：用 100 ～ 150 号细金刚石磨，磨至表面平滑，用水冲洗后第 2 次补浆，养护 2d。

第 3 遍磨：用 180 ～ 240 号细金刚石或油石精磨，磨至表面光亮，无砂眼细孔，石粒颗颗显露，用清水冲洗干净。

（7）酸洗

地面冲洗干净后，涂抹草酸溶液（重量比热水∶草酸 =1 ∶ 0.35，溶化冷却后使用） 1 遍，用 280 ～ 320 号油石磨，研磨至表面光滑出白浆，用水冲洗晾干。也可用 10% 浓度的草酸溶液加入 1% ～ 2% 的氧化铝涂刷在磨面上细磨出亮。

草酸溶液起到腐蚀和填补作用。酸洗的作用是在磨石机的摩擦力下，立即腐蚀细磨表面的突出部分，又将生成物挤压到凹陷部位，经物理和化学反应，使水磨石表面形成一层光泽膜。

（8）打蜡

水磨石表面打蜡应在其他工序全部完成后进行。打蜡时地面越干燥越好，在干燥发白的水磨石面上，涂地板蜡或工业蜡。

打蜡分 2 次进行，先用薄布包蜡均匀擦拭磨面上，稍干后，用包在磨石机转盘上的粗布第 1 次研磨擦光。然后，再涂 1 层蜡，磨至表面光亮，颜色均匀一致为止。

上蜡抛光后应铺锯末养护。

3.1.3.3 水磨石地面的质量标准和检验方法

1. 主控项目

（1）水磨石面层的石粒应采用白云石、大理石等岩石加工而成，石粒应洁净无杂物，其粒径除特殊要求外应为 6 ～ 16mm；颜料应采用耐光、耐碱的矿物原料，不得使用酸性颜料。

检验方法：观察检查和检查质量合格证明文件。

检查数量：同一工程、同一体积比检查一次。

（2）水磨石面层拌合料的体积比应符合设计要求，且水泥与石粒的比例应为 1：1.5 ～ 1：2.5。

检验方法：检查配合比试验报告。

检查数量：同一工程、同一体积比检查一次。

（3）防静电水磨石面层应在施工前及施工完成表面干燥后进行接地电阻和表面电阻检测，并应做好记录。

检验方法：检查施工记录和检测报告。

（4）面层与下一层结合应牢固，且应无空鼓、裂纹。当出现空鼓时，空鼓面积不应大于 400cm^2，且每自然间或标准间不应多于 2 处。

检验方法：观察和用小锤轻击检查。

2. 一般项目

（1）面层表面应光滑，且应无裂纹、砂眼和磨痕；石粒应密实，显露应均匀；颜色图案应一致，不混色；分格条应牢固、顺直和清晰。

检验方法：观察检查。

（2）踢脚线与柱、墙面应紧密结合，踢脚线高度及出柱、墙厚度应符合设计要求且均匀一致。当出现空鼓时，局部空鼓长度不应大于 300mm，且每自然间或标准间不应多于 2 处。

检验方法：用小锤轻击、钢尺和观察检查。

（3）楼梯、台阶踏步的宽度、高度应符合设计要求。楼层梯段相邻踏步高度差不应大于 10mm；每踏步两端宽度差不应大于 10mm，旋转楼梯梯段的每踏步两端宽度的允许偏差不应大于 5mm。踏步面层应做防滑处理，齿角应整齐，防滑条应顺直、牢固。

检验方法：观察和用钢尺检查。

（4）水磨石面层的允许偏差应符合表 3-1 的规定。

3.1.3.4　质量通病的防治和处理

1. 分格条显露不清

原因分析：①面层厚度过高，分格条难以磨出；②开磨时间过迟，面层的强度过高，使分格条难以磨出；③第 1 遍磨光时所用的磨石号不正确，磨光时用水量过大等。

防治措施：①控制面层铺设厚度，以虚铺高度比分格条高出 5mm，滚压密实后比分格条高出 1mm 为宜；②面层铺设速度与磨光速度（指第 1 遍磨光）相协调，避免开磨时间过迟；③第 1 遍磨光时应正确选用磨石号，同时磨光时应控制浇水速度，浇水量不宜过大，使面层能保持一定浓度的磨浆水；④如磨光时间过迟或铺设厚度较厚而难以磨出分格条，可在磨石下撒些粗砂，以加大其磨损量。

2. 裂缝

原因分析：①地基夯土下沉或结构不均匀沉降；②预制混凝土空心楼板刚度差，灌缝不密实。

防治措施：①地基回填土应分层夯实，分层取样检查密实度，并保证密实度合格；填土较深时，混凝土垫层应加厚、加钢筋网；②应采用预应力钢筋混凝土空心板灌缝安装，提高楼板刚度；楼板端头及两侧灌缝，应采用不低于 C15 的细石混凝土。

3. 水磨石地面颜色不一

原因分析：材料批号改变，配料计量不准，搅拌不均匀。

防治措施：所用材料应是同一批号、同一规格、同一颜色，水泥加颜料应一次配齐过筛装包。按规定配合比由专人计量配制，搅拌时采用机械搅拌，搅拌均匀，搅拌时间一致。

【能力测试】

1. 楼地面一般有哪几部分组成？各有什么作用？

2. 简述楼地面基层的处理方法。

3. 试述混凝土垫层的施工要点。

4. 灰土垫层施工时应注意哪些事项？

5. 简述水泥砂浆楼地面的操作要点。

6. 简述现浇水磨石地面的施工工艺，其水磨前养护时间如何确定？

【实践活动】

1. 参观施工中（或施工完成）的水泥砂浆楼地面工程，对照技术规范要求，认知水泥砂浆楼地面的组成及施工要求，并判断其是否符合要求。

2. 以 4～6 人为 1 个小组，在学校实训基地进行水泥砂浆楼地面施工实训。

【活动评价】

学生自评 (20%)	规范选用	正确□	错误□
	水泥砂浆楼地面施工	合格□	不合格□
小组互评 (40%)	水泥砂浆楼地面施工	合格□	不合格□
	工作认真努力，团队协作	很好□	较好□
		一般□	还需努力□
教师评价 (40%)	水泥砂浆楼地面施工完成效果	优□	良□
		中□	差□

项目 3.2 块材楼地面工程施工

【项目描述】

块材楼地面工程是在混凝土基层上用水泥砂浆、水泥浆或胶粘剂铺设装饰块材的楼地面做法。楼地面的装饰块材主要有天然或人造的大理石板、花岗岩板、预制水磨石板、地砖、锦砖等。本项目主要学习常用块材楼地面施工的施工流程及施工要点，块材地面施工的质量标准和检验方法。

【学习支持】

3.2.1 块材楼地面工程施工相关知识

3.2.1.1 楼地面工程相关规范

（1）《建筑地面工程施工质量验收规范》GB 50209—2010

（2）《建筑工程施工质量验收统一标准》GB 50300—2013

3.2.1.2 块材楼地面常用块材

（1）天然大理石板、花岗岩板

其强度高、耐磨性强、光滑明亮、柔和典雅、纹理清晰、色泽美观，但造价高，适用于高级公共建筑，如宾馆、展览馆、影剧院、商场、机场以及家庭装修等。大理石饰面板一般只适用于室内干燥环境中。

（2）人造石材

人造石材又称合成石，不仅有天然石材的花纹和质感，还具有强度高、厚度薄、耐酸、耐碱、抗污染等优点。其自重只有天然石材的一半，其色彩和花纹均可根据设计意图制作。人造石材常见品种有水泥型人造石材（又称水磨石面板）与树脂型人造石材（又称人造大理石、人造花岗石）两大类。

树脂型人造石材具有较好的抗污染性，成本仅为天然大理石的30% ~ 50%，是建筑饰面的理想材料之一。

（3）地砖

地砖主要包括陶瓷地砖、缸砖、劈离砖、水泥花砖、彩色水泥砖等。

陶瓷地砖种类繁多，有陶瓷地面砖、劈离砖、仿石抛光地砖等。具有强度高、耐磨、防滑、色彩丰富、耐污染、易清洗等优点，广泛应用于宾馆、商场等公共场所及家庭地面装饰。

缸砖也称防潮砖或防滑砖，它是用普通黏土一次性烧制而成，其形状有正方形、长方形和六角形等，一般呈暗红色。适用于阳台、露台、走廊、浴室等地面。

劈离砖是将一定配比的原料，经粉碎、炼泥、真空挤压成形、干燥、高温煅烧而成，成形时为背靠的双层，烧成的产品从中间劈成两片使用，是一种新型的陶瓷地砖。

水泥花砖是以白水泥或普通水泥掺以各种颜料经机械拌合、机压成形、充分养护而成，其图案丰富，如图3-6所示。

图3-6 水泥花砖图案

彩色水泥砖是以优质彩色水泥经机械拌合成形，充分养护而成。

（4）锦砖

锦砖包括陶瓷锦砖和玻璃锦砖。

陶瓷锦砖是以优质瓷土烧制而成的小块瓷砖，有挂釉和不挂釉两种。其常用规格有 19mm×19mm、39mm×39mm 的正方形和 39mm×19mm 的长方形以及边长 25mm 的六角形等多种，厚约 4～5mm；可拼成各种新颖、漂亮的图案，常反贴于 305.5mm×305.5mm 的牛皮纸上以便使用。

陶瓷锦砖色泽丰富、质地坚实、耐磨、耐酸、不渗水、易清洁，多用于工业与民用建筑的洁净车间、门厅、走廊、餐厅、卫生间、游泳池、实验室等的地面工程。

【任务实施】

3.2.2 大理石板、花岗岩板楼地面工程施工

大理石板、花岗岩板楼地面构造如图 3-7 所示。

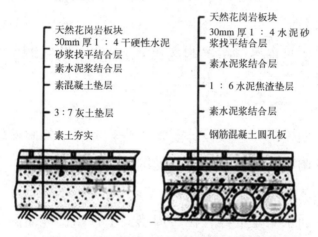

图 3-7 大理石板、花岗岩板楼地面构造图

3.2.2.1 施工准备

1. 材料准备

（1）水泥：采用普通硅酸盐水泥，强度等级不得低于 42.5，白水泥强度等级不低于 32.5。

（2）砂：使用洁净的中砂或粗砂，含泥量不大于 3%，并过筛除去杂质。

（3）大理石板、花岗岩板材：按设计要求的品种、规格、颜色、外观等备料。其质量应符合现行国家标准《天然大理石建筑板材》GB/T 19766–2016、《花岗石建筑板材》GB/T 18601–2009 及《建筑地面工程施工及验收规范》GB 50209–2010 的规定。

2. 机具准备

主要有砂浆搅拌机、手推车、切割机、墨斗、木抹子、铁抹子、水平尺、钢卷尺、方尺、橡胶锤、硬木垫板、小灰铲、茅草刷、喷壶、棉纱、胶刷等。

3.2.2.2 施工工艺流程

选板、浸水→试拼→弹线、试排→摊铺砂浆找平层（结合层）→镶铺块材→灌缝、擦缝→打蜡、养护

3.2.2.3 操作要点

（1）选板、浸水

◆ 板块应逐块挑选，将有翘曲、宽窄不一、不方正的挑出来用于适当部位。

◆ 施工前应将板块浸水湿润，并阴干码好备用，润湿程度以铺贴时板块的底面内潮外干为宜。

大理石、花岗石
施工工艺

（2）试拼

板材在正式铺设前，应按设计要求的排列顺序，每间按颜色、纹理进行试拼，使整体色调和谐统一，试拼后按其位置编号码放。

（3）弹线、试排

◆ 根据墙面水平基准线，在四周墙面上弹出楼地面面层标高线和水泥砂浆结合层线，以控制结合层的厚度、面层的平整度和标高。

◆ 在房间中心弹出"十"字中心线，然后由中央向四周弹分块线。

◆ 在房间两个垂直方向，根据施工大样图试排板块，以便检查板块之间的缝隙，核对板块与墙面、柱面的相对位置。

（4）摊铺砂浆找平层（结合层）、铺板

一般大理石、花岗岩板块的规格较大，应采用干作业法施工。

①浇水湿润基层。②逐块铺设体积比 1：3 或 1：3.5 的水泥砂浆干料（稠度尽量小，手握成团，手指一松即散为宜），用木刮尺刮平，厚度一般高于结合层实际厚度 8 ~ 10mm（结合层厚度一般为 20 ~ 30mm）。③用双手对角拿住板块，平稳就位。用橡胶锤（或木锤）在块材中央 2/3 范围内敲击将砂浆击实（严禁敲击块材四角）。④用双手对角握住板块，将板块四角同时提起移至一旁，在已被击实击平的水泥砂浆干料结合层上，抹一层水灰比为 0.45 的素水泥浆。⑤再将块材平稳就位，用橡胶锤轻敲块材中部直到表面

平整、方正。⑥随后拉线检查，不符合要求的应揭开重铺。

注意事项：①铺设时须按纵横两个方向拉水平线，先铺中间块材，后向房间两侧退铺；②当墙边、柱脚处有镶边时，先铺镶边部分；③有独立柱的大厅，宜先铺柱子与柱子中间的部分，然后向两边展开；④对较大房间，尚应做灰饼和标筋。

（5）灌缝

◆ 板块铺完 24h 后，洒水养护。

◆ 铺完 2d 后，用水泥稠浆（或彩色水泥稠浆）灌缝，1 ~ 2h 后用棉纱擦缝，使缝饱满密实、平整光滑，并随即将板面擦拭干净。

（6）打蜡、养护

板块铺设完后，待结合层砂浆强度达到 60% ~ 70%（浇水养护 5 ~ 7d），即可打蜡抛光。用干锯末覆盖养护，3d 内不准上人。

3.2.2.4 大理石、花岗岩楼地面面层质量通病的防治和处理

1. 面层空鼓

原因分析：①基层清理不干净，或浇水不够，水泥素浆结合层涂刷不均匀或涂刷时间过长，风干硬结。②结合层砂浆偏稀，水泥质量差。③板块背面浮灰没有刷净或未用水湿润，影响粘结效果。④操作不当。

防治措施：①基层必须认真清理，并充分湿润，垫层与基层的水泥砂浆结合层应涂刷均匀，随刷随抹垫层砂浆。②板块背面的浮土杂物必须清扫干净，并提前用水湿润，在表面稍晾干后再进行铺设。③必须采用强度等级 42.5 的水泥拌制的干硬性砂浆。砂浆应拌匀，切忌用稀砂浆。

2. 表面不平整，缝不顺直

原因分析：①找平层表面不平，板块厚度不一致、翘曲变形，块材规格不一致。②铺贴时未认真砸实砸平，铺贴后过早上人踩踏，使板块下沉。

防治措施：①注意选砖，翘曲变形、有裂缝、规格差异大的板块要剔除。②严格检查找平层的平整度，厚薄不一的板块可用结合砂浆来调整。③铺完后注意养护和成品保护，不宜过早上人。

【任务实施】

3.2.3 地砖楼地面工程施工

3.2.3.1 施工准备

1. 材料准备

（1）水泥：采用普通硅酸盐水泥或矿渣硅酸盐水泥，强度等级不得低于42.5。

（2）砂：使用洁净的中砂或粗砂，含泥量不大于3%，并过筛除去杂质。

（3）地砖：根据设计要求，选用相应的水泥花砖、彩釉地砖等。

2. 机具准备

主要有砂浆搅拌机、手推车、小型台式砂轮机、手提式切割机、木抹子、铁抹子、水平尺、钢卷尺、尼龙线、刮尺、方尺、墨斗、橡胶锤、硬木垫板、小灰铲、钢丝刷、喷壶、扫帚、擦布等。

3.2.3.2 施工工艺流程

基层处理→抹找平层→弹线、拼花→铺砖→压平拨缝→嵌缝、养护

3.2.3.3 操作要点

（1）基层处理

清除基层表面的灰尘、油污、垃圾等，用水冲洗干净。

地砖面层

（2）抹找平层

①根据墙面上的水平基准线，做灰饼、标筋，控制找平层的厚度及坡向。②刮素水泥浆1道，随刮随抹体积比1:3的水泥砂浆找平层。用刮尺刮平，木抹拍实、搓毛。

（3）弹线、拼花

①在房间纵横两个方向排好尺寸，当尺寸不合整块砖的倍数时，可调整接缝宽度，或裁半砖用于边角处。②在找平层上每隔3~5块砖弹一控制线，并引至墙根部，注意拼花、对缝。

（4）浸砖、铺砖

◆ 浸砖。铺前应将选配好的砖洗净，在水中浸泡 2 ～ 3h 后，取出晾干备用。

◆ 铺砖。地砖的规格一般较小，可采用湿作业法施工。方法如下：

先在基层上刷素水泥浆 1 道。随即抹体积比 1 ∶ 2 的干硬性水泥砂浆（稠度 25 ～ 35mm）结合层，厚度 10 ～ 15mm，每次铺灰面积以 2 ～ 3 块板面为宜，并对照拉线将砂浆刮平。铺砌块材，将板块四周同时坐浆，四角平稳下落，对准纵横缝后，用木槌敲击中部使其密实、平整，准确就位。

对于地砖规格较大或对空鼓要求较严的地面，宜采用干作业法施工，方法同大理石板块的施工。

◆ 铺贴顺序。铺贴时，可按纵向控制线先铺几行砖作为标准，然后从里往外退着铺贴。对于大面积地面宜先每纵、横相隔 10 ～ 15 块砖铺 1 行，形成控制带，然后再铺控制带内的地砖。

（5）压平拨缝

铺完 1 个房间，用喷水壶洒水，使砖浸湿接近饱和。15min 后用橡胶锤和硬木拍板按顺序满砸 1 遍。砸平后按顺序调整缝隙，使砖缝顺直匀称。

（6）嵌缝、养护

地砖铺完 2d 后，将缝口清理干净，刷水润湿，用体积比 1 ∶ 1 的水泥砂浆勾缝，使其密实、平整、光滑，擦净地面。嵌缝砂浆终凝后，铺木屑洒水养护 7d 即可使用。

【知识拓展】

3.2.4 陶瓷锦砖楼地面工程施工

3.2.4.1 施工准备

1. 材料准备

（1）水泥：采用普通硅酸盐水泥、矿渣硅酸盐水泥或白水泥，强度等级不得低于 32.5。

（2）砂：使用洁净的中砂或粗砂，含泥量不大于 3%，并过筛除去杂质。

（3）陶瓷锦砖：品种、规格符合设计要求，纸版完整，颗粒齐全，间距均匀。

2. 机具准备

主要有砂浆搅拌机、手推车、木抹子、铁抹子、水平尺、钢卷尺、尼龙线、刮尺、方尺、墨斗、橡胶锤、硬木垫板、靠尺、喷水壶、棉纱、踏脚板等。

3.2.4.2 工艺流程

基层处理→抹结合层→铺贴、拍实→洒水、揭纸→拨缝、灌缝→嵌缝、养护

3.2.4.3 操作要点

（1）基层处理、抹结合层

做法同铺地砖。

（2）铺贴、拍实

◆ 结合层砂浆养护 2 ~ 3d 后，洒水湿润，抹素水泥浆 1 道，随即从房屋地面中间向两边，边刷边按控制线铺贴陶瓷锦砖。

◆ 整个房间铺完后，由一端开始用拍板依次拍实拍平所铺陶瓷锦砖，拍至水泥浆填满陶瓷锦砖缝隙为止。

（3）洒水、揭纸

面层铺贴完毕 30min 后，用水润湿背纸，15min 后，即可把纸揭掉并用铲刀清理干净。

（4）拨缝、灌缝

揭纸后立即检查锦砖缝是否平直均匀，按先纵缝后横缝的顺序，比着靠尺用刀将缝拨直拨匀。用体积比 1 ∶ 2 的水泥砂浆灌缝，适当洒水擦平。

（5）嵌缝、养护

◆ 用白水泥素浆或加颜料的水泥浆嵌缝，要擦抹密实，清理干净余灰。

◆ 嵌缝 24h 后，铺锯末洒水养护 7d。

3.2.4.4　陶瓷锦砖楼地面面层质量通病的防治和处理

1. 表面不平，缝格不直

原因分析：①控制不严。②选料不严。

防治措施：①结合层刮平，铺贴后用橡胶锤和拍板砸平，同时用靠尺检查，将偏差控制在允许范围内。②认真排砖、弹线或拉线控制，及时拨缝、调缝，随后拍实。同一房间使用同种类的整张陶瓷锦砖；在地漏处根据地漏的直径尺寸，预先计算好锦砖块数，试铺合适后再正式粘铺；防止锦砖之间的间隙不均匀。

2. 有地漏的房间积水

原因分析：未做好泛水坡度。

防治措施：地漏房间的地面，其标筋应朝向地漏做成放射状，铺贴后，检查泛水。

【知识拓展】

3.2.5　块材楼地面施工的质量标准和检验方法

1. 主控项目

（1）块材面层所用板块的品种、质量应符合设计要求。

检验方法：观察检查和检查材质合格记录。

（2）面层与下一层应结合牢固，无空鼓。

检验方法：用小锤轻击检查。

注：凡单块板块边角有局部空鼓，且每自然间（标准间）不超过总数的5%可不计。

2. 一般项目

（1）块材面层的表面应洁净、平整、无磨痕，且应图案清晰、色泽一致、接缝均匀、周边顺直、镶嵌正确，板块无裂纹、掉角、缺楞等缺陷。

检验方法：观察检查。

（2）踢脚线表面应洁净，高度一致，结合牢固，出墙厚度一致。

检验方法：观察和用小锤轻击及钢尺检查。

（3）楼梯踏步和台阶板块的缝隙宽度应一致，齿角整齐，楼层梯段相邻踏步高度差不应大于10mm，防滑条应顺直、牢固。

检验方法：观察和用钢尺检查。

（4）面层表面的坡度应符合设计要求，不倒泛水、无积水；与地漏、管道结合处应严密牢固，无渗漏。

检验方法：观察、泼水或坡度尺及蓄水检查。

（5）块材面层的允许偏差项目应符合表3-3的要求。

板块面层允许偏差和检查方法 表3-3

项目	允许偏差（mm）			检查方法
	大理石面层 花岗岩面层	水泥花砖	陶瓷锦砖 陶瓷地砖	
表面平整度	1.0	3.0	2.0	2m靠尺和楔形塞尺检查
缝格平直	2.0	3.0	3.0	拉5m线和用钢尺检查
接缝高低差	0.5	0.5	0.5	用钢尺和楔形塞尺检查
踢脚线上口平直	1.0	—	3.0	拉5m线和用钢尺检查
板块间隙宽度	1.0	2.0	2.0	用钢尺检查

【能力测试】

1. 简述大理石楼地面施工的操作要点。
2. 简述陶瓷锦砖楼地面施工的操作要点。

【实践活动】

1. 参观施工中（或施工完成）的陶瓷地砖镶贴工程，对照技术规范要求，认知陶瓷地砖地面的组成及施工要求，并判断其是否符合要求。

2. 以4～6人为1个小组，在学校实训基地进行陶瓷地砖镶贴施工实训。

【活动评价】

学生自评 （20%）	规范选用	正确□	错误□
	陶瓷地砖镶贴施工	合格□	不合格□

小组互评 (40%)	陶瓷地砖镶贴施工 工作认真努力，团队协作	合格☐ 很好☐ 一般☐	不合格☐ 较好☐ 还需努力☐
教师评价 (40%)	陶瓷地砖镶贴施工完成效果	优☐ 中☐	良☐ 差☐

项目 3.3 木地板工程施工

【项目描述】

木地板由于具有重量轻、弹性好、保温佳，又易于加工、不老化、脚感舒适等特点，因而已成为目前较普遍的地面装饰形式。木地板分为实木地板、实木复合地板、中密度（强化）复合地板。本项目主要学习实木地板、复合木地板的施工要点，木地板施工的质量标准和检验方法，木地板施工常见工程质量问题及其防治方法。

【学习支持】

3.3.1 木地板工程相关知识

3.3.1.1 木地板工程施工相关规范

（1）《建筑地面工程施工质量验收规范》GB 50209-2010

（2）《住宅装饰装修工程施工规范》GB 50327-2001

3.3.1.2 木地板的分类

木地板分为实木地板、实木复合地板、中密度（强化）复合地板。

（1）实木地板包括普通木地板、硬木地板、拼花木地板等。按材料加工程度又可分为原木地板和免漆刨地板（即漆板）两种。原木地板铺设后要进行刨平磨光及油漆涂蜡；免漆刨地板安装上蜡后可直接使用。

（2）实木复合地板分为三层实木复合地板和多层实木复合地板。家庭装修中常用的是三层实木复合地板，是由三层实木单板交错层压而成，其表层为优质阔叶材规格板条镶拼板或整幅木板，材种多用柞木、山毛榉、桦木、水曲柳等；芯层由普通软杂规格木板条组成，材种多用松木、杨木等；底层为旋切单板，材种多用杨木、桦木、松木，三层结构用胶层压而成。多层实木复合地板是以多层胶合板为基材，以规格硬木薄片镶拼板或单板为面板，层压而成。

（3）中密度（强化）复合地板。以一层或多层专用纸浸渍热固性氨基树脂，铺装在刨花板、中密度纤维板、高密度纤维板等人造板基材表面，背面加平衡层，经热压而成的地板。

【任务实施】

3.3.2 实木地板工程施工

实木地板的铺设方式主要有架铺式（或称空铺式）和实铺式两种。

架铺式是在地面先用木搁栅（俗称龙骨）做出木框架，然后在木框架上铺贴基面板，最后在基面板上铺面层木地板。其又分为一般架铺木地板和高架式木地板。

3.3.2.1 施工准备

1. 材料准备和要求

（1）木基层用料：①木龙骨（架铺木方）通常采用50mm×50mm的不易变形的松木、杉木等，必须顺直、干燥，含水率小于16%，应进行防腐处理。②基面板（毛地板）选用实木板、厚胶合板、大芯板或刨花板，板厚12～20mm。

（2）面板材料：①硬木地板，有水曲柳、柚木、核桃木、柞木等，含水率小于等于15%；②薄木地板，有水曲柳木或柳桉，厚5～8mm，含水率小于等于12%。

（3）木地板胶粘剂：木地板与地面直接粘接常用环氧树脂胶、聚氨酯、沥青胶等。木基面板与木地板粘贴常用聚醋酸乙烯胶粘剂（白乳胶）、立时得胶（万能胶）等。

（4）其他材料：①油漆：打底用虫胶漆，罩面用清漆、聚酯漆；②防潮纸或沥青油毡；③地板蜡。

2. 作业条件准备

木地板施工前应完成顶棚、墙面的各种湿作业工程且干燥程度在80%以上。

3. 施工机具准备

手提电锯、电刨、地板刨光机、电动磨光机、打钉机、电动打蜡机等。

3.3.2.2 一般架铺木地板

一般架铺木地板是在楼面上或已有水泥地坪的地面上进行铺设，所以架铺用的木框架可直接固定在地面上。

基层采用梯形或矩形截面木搁栅（俗称龙骨），木搁栅的间距一般为400mm，中间可填一些轻质材料，以减低人行走时的空鼓声，并改善保温隔热效果。面层又分单层铺设和双层铺设两种方式，单层铺设是指将木地板直接铺钉于木搁

架空实木地板
铺设施工工艺

栅上的构造做法；双层铺设是先在木搁栅之上铺钉毛地板，在毛地板上面钉接或粘接木地板。其构造做法如图3-8所示。

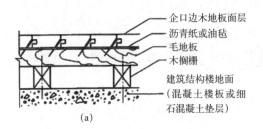
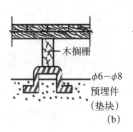
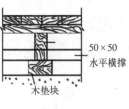

图3-8 一般架铺式木地板（mm）

(a) 剖面构造示意图；(b) 节点详图

1. 施工工艺流程

基层清理→弹线→钻孔、安装预埋件（→地面防潮、防水处理）→安装木龙骨→垫保温层→弹线、钉装毛地板→找平、刨平→钉木地板→装踢脚板→刨光、打磨（→油漆）→上蜡

2. 施工要点

（1）安装木搁栅（龙骨）

木搁栅（龙骨）常用 30mm×40mm 至 40mm×50mm 的木方，使用前应做防腐处理。

龙骨的安装方法是在地面根据面板规格弹出龙骨布置线，沿龙骨每隔 800mm 用 $\phi16$mm 冲击钻在楼面钻 40mm 深的孔，打入木塞，再用木螺钉或地板钉将木龙骨固定。

也可先在基层面做预埋件，以固定木龙骨。预埋件为预先在楼板或混凝土垫层内按设计要求埋设的铁件（地脚螺栓、U 形铁、钢筋段等）或防腐木砖等。将木龙骨与预埋在楼板（或垫层）内的铅丝或预埋铁件绑牢固定，安放平稳。

木龙骨表面应平直，用 2m 直尺检查其允许空隙为 3mm。木搁栅与墙之间宜留出 30mm 的缝隙。

（2）铺钉毛地板

◆ 双层木地板面层下层的基面板即为毛地板，常用 9～12mm 厚耐水胶合板或人芯板做毛地板。

◆ 铺设时，毛地板应与木搁栅呈 30°或 45°角并应使其髓心朝上，用钉斜向钉牢。

◆ 毛地板与墙之间应留有 8～12mm 缝隙，板间缝隙不应大于 3mm，接头应错开。

◆ 每块毛地板应在每根木龙骨上各钉 2 枚钉子固定，钉子的长度应为毛地板厚度尺寸的 2.5 倍。

◆ 毛地板铺钉后，应刨平直后清扫干净，可铺设一层沥青纸或油毡，以利于防潮。

（3）铺设面板

铺设面板有两种方法，即钉结法和粘接法。

架铺木地板通常用钉结法，用专用地板钉，钉与表面成 45°或 60°斜角，从板边企口凸榫侧边的凹角处斜向钉入，钉帽冲进不露面，如图 3-9（a）所示。地板长度不大于 300mm 时，侧面应钉 2 枚钉子，长度大于 300mm 时，每 300mm 应增加 1 枚钉子，板块的顶端部位应钉 1 枚钉子。钉长为板厚的 2 ～ 3 倍。

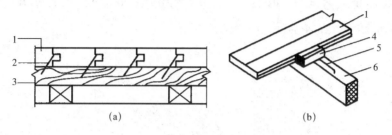

图 3-9 面板的铺设

(a) 木地板的钉结方式；(b) 企口木地板排紧方法示意

1—企口地板；2—地板钉；3—木龙骨；4—木楔；5—扒钉；6—木搁栅

当硬木地板不易直接施钉时，可事先用于电钻在板块施钉位置斜向预钻钉孔（预钻孔的孔径略小于钉杆直径尺寸）以防钉裂地板。

铺设时，将颜色花纹一致的铺在同一房间。地板块铺钉时通常从房间较长的一面墙边开始，一般应使板缝顺进门方向。第 1 行板槽口对墙，从左至右，两板端头企口插接，直到第 1 排最后 1 块板，截去长出的部分。板与板应紧密，仅允许个别地方有空隙，其缝宽不得大于 0.5 ～ 1mm。为使缝隙严密顺直，在铺钉的板条近处钉铁扒钉，用楔块将板条压紧，如图 3-9（b）所示。

板与墙之间应留 8 ～ 12mm 的缝隙，板长度方向的接头应间隔断开，靠墙端也应留 8 ～ 12mm 的通风小槽，也称工艺槽。铺钉一段要用通线检查，确保地板始终通直。钉到最后一块板时，因无法斜向钉钉，可以用明钉钉牢。

单层条形木地板铺设应与木龙骨垂直，接缝必须在木龙骨中间。

（4）刨平、磨光

原木地板面层的表面应刨平、磨光。使用电刨刨削地板时，滚刨方向应与木纹成 45°角斜刨，刨削应分层次多次刨平，注意刨去的厚度不应大于 1.5mm。

刨平后应用地板磨光机打磨两遍。磨光时也应顺木纹方向打磨，第 1 遍用粗砂，第 2 遍用细砂。

现在的木地板由于加工精细，已经不需要进行表面刨平，可直接打磨。

（5）安装踢脚板

在木地板与墙的交接处，要用踢脚板压盖，踢脚板一般是在地板涂刷地板漆前安装完成。木踢脚板有提前加工好的成品，内侧开凹槽，为散发潮气，每隔1m钻6mm通风孔。

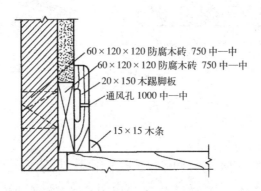

60×120×120 防腐木砖 750 中—中
60×120×120 防腐木砖 750 中—中
20×150 木踢脚板
通风孔 1000 中—中
15×15 木条

图 3-10 木踢脚板安装示意（mm）

安装方法：先在墙面上弹出踢脚板上口水平线。墙身每隔750mm设防腐固结木砖，木砖上钉防腐木块，用于固定，如图 3-10 所示。也可在墙身用 ϕ16 冲击钻在楼面钻约40mm深的孔，打入木塞，再用木螺钉或地板钉固定木踢脚板。

（6）刷漆

待室内装饰工程完工后，将地板表面清扫干净后涂刷地板漆，进行抛光上蜡处理。若选用漆板则免此道工序。

（7）上蜡

地板打蜡时，首先将地板清洗干净，待完全干燥后方可开始操作。至少要打3遍蜡，每打完1遍，待其干燥后用非常细的砂纸打磨表面、擦干净，再打第2遍。每次都要用不带绒毛的布或打蜡器摩擦地板以使蜡油渗入木头。每打1遍蜡都要用软布轻擦抛光，以达到光亮的效果。

若选用聚氨酯地板蜡，则用干净的刷子刷3遍。要特别注意地板接缝。

3.3.2.3　高架式木地板

高架式木地板是在地面先砌地垄墙，在四周基础墙上敷设通长的沿缘木，然后安装木搁栅、毛地板、面层地板。此施工方法一般是在建筑底层室内使用，很少在家庭装饰中使用。其构造做法如图 3-11 所示。

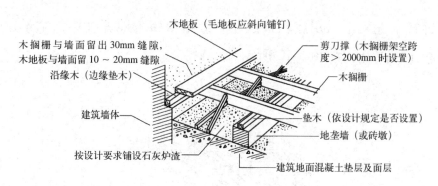

木地板（毛地板应斜向铺钉）

木搁栅与墙面留出 30mm 缝隙，
木地板与墙面留 10 ~ 20mm 缝隙

剪刀撑（木搁栅架空跨度＞2000mm 时设置）

沿缘木（边缘垫木）

木搁栅

建筑墙体

垫木（依设计规定是否设置）

地垄墙（或砖墩）

按设计要求铺设石灰炉渣

建筑地面混凝土垫层及面层

图 3-11　架空木地板构造示意

1. 工艺流程

基层处理→砌地垄墙→干铺油毡→铺垫木（沿缘木）找平→弹线、安装木搁栅（龙骨）→钉剪刀撑→钉硬木地板→钉踢脚板→刨光、打磨→油漆

2. 施工要点

（1）砌地垄墙。一般采用红砖、M2.5 的水泥砂浆砌筑地垄墙或砖墩，墙顶面采取涂刷 2 道焦油沥青或铺设油毡等防潮措施。其高度应按建筑要求计算后确定，间距不宜大于 2m。每条地垄墙、暖气沟墙，应按设计要求预留尺寸为 120mm × 120mm 的通风洞口（一般要求洞口不少于 2 个且要在一条直线上），并在建筑外墙上每隔 3 ~ 5m 设置不小于 180mm×180mm 的洞口及其通风窗设施。

（2）安装木搁栅（龙骨）

先将垫木等材料按设计要求作防腐处理。依据 +50cm 水平线在四周墙上弹出地面设计标高线。木搁栅与墙面之间应留出不小于 30mm 的缝隙，以利隔潮通风。安装时要随时注意用 2m 长的直尺从纵横两个方向对木搁栅表面找平。木搁栅上皮不平时，应用合适厚度的垫板（不准用木楔）垫平或刨平。木搁栅安装后，必须用长 100mm 圆钉从木搁栅两侧中部斜向呈 45°角与垫木钉牢。

木搁栅的搭设架空跨度过大时需按设计要求增设剪刀撑。

（3）其他工序与一般架铺式木地板相同。

3.3.2.4 实铺式木地板

实铺式木地板是采用胶粘剂或沥青胶结料将木地板直接粘贴于建筑物楼地面混凝土基层上，如图 3-12 所示。

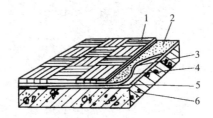

图 3-12 实铺式木地板构造做法

1—18～20mm 厚木地板；2—1～2mm 沥青结合层（或专用地板胶）；
3—热沥青（或配套稀料）；4—冷底子油；5—20～30mm 沥青砂浆或水泥砂浆；6—结构层

实铺式木地板一般采用粘接法铺设，可以用沥青胶结料或胶粘剂作为粘结材料，如图 3-13、图 3-14 所示。

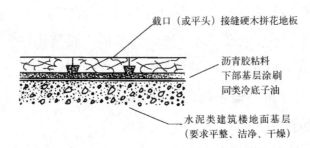

图 3-13 采用沥青胶粘料粘贴硬木拼花地板

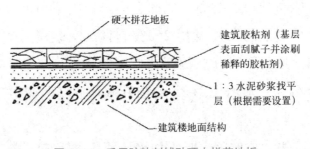

图 3-14 采用胶粘剂铺贴硬木拼花地板

拼花木地板的拼花平面图案形式有方格纹形、席纹形、人字纹形、阶梯形、砖墙纹形等，如图 3-15 所示。

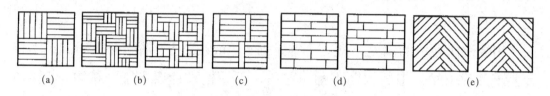

图 3-15　拼花木地板的拼花平面图案形式

（a）方格纹形；（b）席纹形；（c）阶梯形；（d）砖墙纹形；（e）人字纹形

1. 工艺流程

基层清理→涂刷底胶→弹线→分档→涂胶→粘贴地板→镶边→撕衬纸→粗刨→细刨→打磨（→油漆）→上蜡

2. 操作要点

（1）基层清理

铲除基层表面的砂浆、浮灰，清扫灰尘，用水冲洗，擦拭清洁、干燥。当基层表面有麻面起砂、裂缝现象时，应采用涂刷（批刮）乳液腻子进行处理，每遍涂刷腻子的厚度不应大于 0.8mm，干燥后用 0 号铁砂布打磨，再涂刷第 2 遍腻子，直至表面平整后，再用水稀释的乳液涂刷 1 遍。基层表面的平整度，采用 2m 直尺检查的允许空隙小于 2mm。

（2）弹线

按设计图案和块材尺寸进行弹线，先弹房间的中心线，从中心向四周弹出块材方格线及圈边线。方格必须保证方正，不得偏斜。

（3）分档

严格挑选尺寸一致、厚薄相等、直角度好、颜色相同的材质集中装箱（或捆扎）备用。拼花时也可用两种相同颜色拼用。铺贴时按编号试拼试铺，调整至符合要求后进行编号。

（4）粘贴

粘结材料多采用沥青或专用地板胶、环氧树脂、聚氨酯、聚醋酸乙烯等。

铺贴时，用齿形钢刮刀将胶粘剂刮在基层上，厚度为 1 ~ 2mm，厚薄要均匀，将硬木地板块呈水平状态就位，用平底榔头垫衬或木榔头、橡胶榔头打紧、密缝，一般锤敲 5 ~ 6 次，与相邻板块挤严铺平，拼花木板间缝隙不应大于 0.3mm。

相邻两块地板的高差不得高于铺贴面 1.5mm 或低于铺贴面 0.5mm，不符合要求的应重铺。中间大面积铺完之后，最后按设计要求铺贴镶边；若镶边非整块需裁割时，应量好尺寸做套裁，边棱用砂轮磨光，并做到尺寸准确，保证板缝适度。

（5）其他工序同架铺木地板做法。

3.3.2.5 实木地板施工的质量标准和检验方法

（1）实木地板面层的质量标准和检验方法见表 3-4。

实木地板面层的质量标准和检验方法 表 3-4

项目	项次	质量要求	检验方法
主控项目	1	实木地板面层所采用和铺设时的木材含水率必须符合设计要求；木搁栅、垫木和毛地板等必须做防腐、防蛀处理	观察检查和检查材质合格证明文件及检测报告
	2	木搁栅安装应牢固、平直	观察、脚踩检查
	3	面层铺设应牢固；粘贴无空鼓	观察、脚踩或用小锤轻击检查
一般项目	1	实木地板面层应刨平、磨光，无明显刨痕和毛刺等现象；图案清晰，颜色均匀一致	观察、手摸和脚踩检查
	2	面层缝隙应严密；接头位置应错开，表面洁净	观察检查
	3	拼花地板接缝应对齐，粘、钉严密；缝隙宽度均匀一致；表面洁净；胶粘无溢胶	观察检查
	4	踢脚线表面应光滑，接缝严密，高度一致	观察和尺量检查
	5	实木地板面层的允许偏差应符合表 3-5 的规定	

（2）实木地板面层的允许偏差和检验方法应符合表 3-5 的规定。

实木地板面层的允许偏差和检验方法　　　　　　　　表 3-5

项次	项目	允许偏差（mm）				检验方法
		实木地板面层			实木复合地板面层、竹地板面层、中密度（强化）复合地板面层	
		松木地板	硬木地板	拼花地板		
1	板面缝隙宽度	1.0	0.5	0.2	0.5	用钢尺检查
2	表面平整度	3.0	2.0	2.0	2.0	用2m靠尺和楔形塞尺检查
3	踢脚线上口平整	3.0	3.0	3.0	3.0	拉5m线，不足5m者拉通线和尺量检查
4	板面拼缝平直	3.0	3.0	3.0	3.0	
5	相邻板材高差	0.5	0.5	0.5	0.5	用钢尺和楔形塞尺检查
6	踢脚线与面层的接缝	1.0				楔形塞尺检查

3.3.2.6　实木地板工程施工注意事项

（1）基层不平整时应用水泥砂浆找平后再铺贴木地板。基层含水率不大于15%。铺装实木地板应避免在大雨、阴雨等气候条件下施工。施工中最好能够保持室内温度、湿度的稳定。

（2）木地板粘贴式铺贴要确保水泥砂浆地面不起砂、不空裂，基层必须清理干净。

（3）粘贴木地板涂胶时，要薄且均匀，相邻两块木地板高差不超过1mm。

（4）同一房间的木地板应一次铺装完，并要及时做好成品保护，严防油污、果汁等污染表面。安装时挤出的胶液要及时擦掉。

（5）采用粘贴的拼花木地板面层，应待沥青胶结料或胶粘剂凝固后方可进行地板表面刨磨处理。

3.3.2.7　实木地板工程施工常见工程质量问题及其防治方法

1. 实木地板局部翘鼓

（1）产生原因：未检查龙骨含水率就直接铺设地板；面层木地板含水率过高或过低，过高时，在干燥空气中失去水分，断面产生收缩，而发生翘曲变形，过低时，湿度差过大会使木地板快速吸潮，造成地板起拱并伴随漆面爆裂现象；地板四周未留伸缩缝、通气孔，面层板铺设后内部潮气不能及时排出；毛地板未拉开缝隙或缝隙过少，受潮膨胀后，使面层板起鼓、变形；面板拼装过松或过紧，如果过松，地板收缩就会出现较大的缝隙，过紧，地板膨胀时就会起拱。

（2）防治措施：应严格控制木板的含水率并现场抽样检查，木龙骨含水率应控制在 12% 左右；搁栅和踢脚板一定要留通风槽孔，并应做到孔槽相通，地板面层通气孔每间不少于 2 处；所有暗埋水管、气管施工完，且试压合格后才能进行地板施工；阳台、露台厅口与地板连接部位必须有防水隔断措施，避免渗水进入地板内；地板与四周墙面应留有 8 ~ 12mm 的伸缩缝，以适应地板变形；木地板下层毛地板的板缝应适当拉开，一般为 2 ~ 5mm，表面应刨平，相邻板缝应错开，四周离墙 8 ~ 12mm；在制定木地板铺装方案时，根据使用场所环境温度、湿度的高低来合理安排木地板的拼装松紧度。

（3）局部翘鼓处理方法：将起鼓的木地板面层拆开，在毛地板上钻若干通气孔，晾一星期左右，待木龙骨、毛地板干燥后再重新封上面层。

2. 实木地板接缝不严

（1）产生原因：面板收缩变形；板材宽度尺寸误差较大，地板条不直，宽窄不一，企口太窄、太松等；拼装企口地板条时缝太虚，刨平后即显出缝隙；面层板铺设接近收尾时，剩余宽度与地板条宽不成倍数，为凑整块，加大板缝，或将一部分地板条宽度加以调整，经手工加工后，地板条不很规矩，因而产生缝隙；板条受潮，在铺设阶段含水率过大，铺设后经风干收缩而产生大面积"拔缝"。

（2）防治措施：精心挑选合格板材，应剔除宽窄不一，有腐朽、劈裂、翘曲等疵病者，特别注意板材的含水率一定要合格；铺钉时应用木楔块、扒钉挤紧面层板条，使板缝一致后再钉接。长条地板与木龙骨垂直铺钉，其接头必须在龙骨上，接头应互相错开，并在接头的两端各钉一枚钉子；装最后一块地板条时，可将其刨成略有斜度的大小头，以小头嵌入并楔紧。

【知识拓展】

3.3.3 复合木地板工程施工

实木复合地板、中密度（强化）复合地板常采用"浮铺式"做法，即将木地板直接浮铺于建筑地面基层上。

3.3.3.1 工艺流程

实木复合木地板
施工工艺

基层清理→弹线、找平→铺垫层→试铺预排→铺装地板→安装踢脚板→安装过桥及收口扣板→清洁表面

3.3.3.2 施工要点

（1）铺垫层

先在地面铺 1 层 2mm 左右厚的高密度聚乙烯地垫，接缝处用胶带封住，不采用搭接，如图 3-16 所示。地热地面应先铺上 1 层厚度 0.5mm 以上的聚乙烯薄膜，接缝处重叠 150mm 以上，并用胶带密封。

（2）试铺预排

先进行测量和尺寸计算，确定地板的布置块数，尽可能不出现过窄的地板条。地板块铺设时通常从房间较长的一面墙边开始，板面层铺贴应与垫层垂直，铺装时每块地板的端头之间应错开 300mm 以上，错开 1/3 板长则更美观。

试铺预排从房间一角开始，第 1 行板槽口对墙，从左至右，两板端头企口插接，直到第 1 排最后 1 块板，切下的部分若大于 300mm 可以作为第 2 排的第 1 块板铺放（其他排也是如此），第 1 排最后 1 块的长度不应小于 500mm，否则可将第 1 排第 1 块板切去一部分，以保证最后的长度要求。

若遇建筑墙边不直，可用画线器将

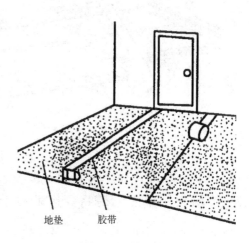

图 3-16 铺设地垫

地垫　　胶带

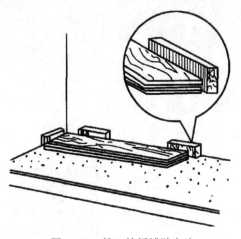

图 3-17　第 1 块板铺贴方法

墙壁轮廓划在第 1 行地板上，依线锯裁后铺装。地板与墙（柱）壁面相接处不可紧靠，要留出 8 ~ 12mm 宽度的缝隙（最后用踢脚板封盖此缝隙），地板铺装时此缝隙用木楔（或随地板产品配备的"空隙块"）临时调直塞紧，暂不涂胶，如图 3-17 所示。

预排时还要计算最后 1 排板的宽度，若小于 50mm，应削减第 1 排板块宽度，以使二者相等。

（3）铺装地板

依据产品使用要求，按预排板块顺序铺装地板，如图 3-18 所示。

如带胶安装，用胶粘剂（或免胶）涂抹地板的榫头上部，先将短边连接，然后略抬高些小心轻敲榫槽木垫板，将地板装入前面的地板榫槽内，用木锤敲击使接缝处紧密，胶水应从缝隙中挤出，一般要求将专用胶粘剂涂于槽与榫的朝上一面，挤出的胶水在 15min 后用刮刀刮除。

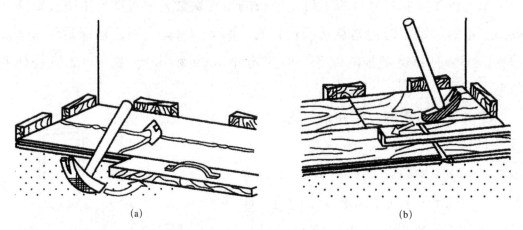

(a)　　　　　　　　　　　　　　　　　(b)

图 3-18　挤紧木地板方法
(a) 板槽拼缝挤紧；(b) 靠墙处挤紧

横向用紧固卡带将 3 排地板卡紧，每 1500mm 左右设 1 道卡带，卡带两端有挂钩，卡带可调节长短和松紧度。从第 4 排起，每拼铺 1 排卡带就移位 1 次，直至最后 1 排。每一排最后 1 块地板，按图 3-19 所示的方法画线，锯去地板多出的部分，注意端头应与墙壁面留 8 ~ 12mm 的缝隙。

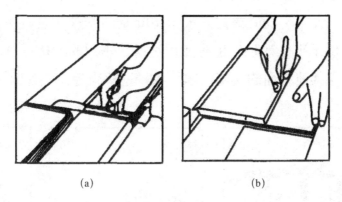

(a)   (b)

图 3-19 地板裁切画线方法示意图

(a) 端头地板画线；(b) 边部地板画线

逐块拼铺至最后，到墙面时，注意同样留出缝隙用木楔卡紧，并采用回力钩将最后几行地板稳固。在门洞口，地板铺至洞口外墙皮与走廊地板平接，如为不同材料时，留 5mm 缝隙，用卡口盖缝条盖缝。

（4）安装踢脚板

如图 3-20 所示，复合木地板四边的墙根伸缩缝处，用配套的踢脚板贴盖装饰。一般选用复合木踢脚板，其基材为防潮环保中密度纤维板，表面饰以豪华的油漆纸。

图 3-20 安装踢脚板

目前复合木地板的款式较多，通常流行的踢脚板的尺寸有 60mm 的高腰型与 40mm 的低腰型。踢脚板除了用专用夹子安装外，也可用无头（或有头）水泥钢钉和硅胶钉粘在墙面上。安装时，应先按踢脚板高度弹水平线，清理地板与墙缝隙中的杂物，接头尽量设在拐角处。

（5）安装过桥及收口扣板

当地面面积大于 $100m^2$ 或边长大于 10m 时，应使用过桥。在房间的门槛相连接处有高低不平之处时，也应使用过桥。不同的过桥可解决不同程度的高低不平以及与其他饰面的连接问题。各种过桥固定方法如图 3-21 所示。

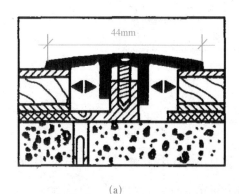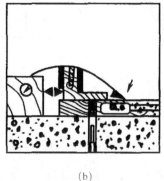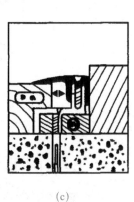

(a)   (b)   (c)

图 3-21　各种过桥固定示意

(a) T 形过桥（超宽、超长连接时使用）；(b) 与其他饰面材料连接的过桥；(c) 与高于复合地面的材料连接的过桥

收口扣板条可利用坡度缓缓地自上而下搭接不同高度的地面，解决收口，又富流线舒畅的美感。

（6）清扫、擦洗

每铺完 1 间，待胶干后扫净杂物并用湿布擦净，铺装好后 24h 内不得在地板上走动。

3.3.3.3　复合木地板面层的质量标准和检验方法

复合木地板面层的质量标准和检验方法见表 3-6。

复合木地板面层的质量标准和检验方法　　　　　　　　　表 3-6

项目	项次	质量要求	检验方法
主控项目	1	复合地板面层所采用的材料，其技术等级及质量要求应符合设计要求；木搁栅、垫木和毛地板等应做防腐、防蛀处理	观察检查和检查材质合格证明文件及检测报告
	2	木搁栅安装应牢固、平直	观察、脚踩检查
	3	面层铺设应牢固	观察、脚踩检查

续表

项目	项次	质量要求	检验方法
一般项目	1	复合地板面层图案和颜色应符合设计要求，图案清晰、颜色一致，板面无翘曲	观察、用2m靠尺和楔形塞尺检查
	2	面层的接头应错开，缝隙严密，表面洁净	观察检查
	3	踢脚线表面应光滑，接缝严密，高度一致	观察和钢尺检查
	4	实木复合地板、中密度（强化）复合地板面层的允许偏差应符合表3-5的规定	

3.3.3.4 复合木地板工程施工注意事项

（1）复合木地板要在新的水泥地面上铺设时，地面必须晾干。施工环境的最佳相对湿度为40% ~ 60%。铺设前，宜将未开箱的地板置于施工现场不少于48h，使之适应施工环境的温度和湿度。

（2）按产品使用说明的要求进行地板的施工及成品保护。注意其专用胶的凝结固化时间，铲除溢出板缝外的胶条、拔除墙边木塞（或空隙块）以及最后做表面清洁等工作均应待胶粘剂完全固化后方可进行，此前不得碰动已铺装好的木地板。

（3）地板与墙边、立柱等固定物体之间必须留出10 ~ 12mm伸缩缝，铺装两房之间的门下位置时留出相应的伸缩缝。长宽任何一边超过10m的地面，应在超过长度的地板与地板之间留出附加伸缩缝8 ~ 12mm，使用过桥连接，以适应地板伸缩变形。

（4）此类浮铺式施工的地板工程，不得加钉固定或粘贴在地面上，以确保整体地板面层在使用中的稳定伸缩。

（5）铺装时用3m直尺随时找平找直，发现问题及时修正。如果地板底面基层有微小不平，可用橡胶垫垫平。

（6）复合木地板不能安装在不平整或直接暴晒或潮湿的地面上，在与卫生间、浴室、阳台等交接且易受潮的地方，应采取防水隔离处理，保证不漏水、不渗水。

（7）免胶铺装只能用于不接触到水的房间。

（8）复合木地板可以在水暖地面上铺设，但不能在电暖地面上铺设。

3.3.3.5 复合木地板工程施工常见工程质量问题及其防治方法

复合木地板局部翘鼓。

（1）产生原因：基层没有充分干燥或地板表面的水分沿缝隙进入板下，引起地板受潮膨胀；安装时，基层未充分找平，使地板表面有凹凸；木地板表面被烫或被硬物磕碰，造成表面有损伤。

（2）防治措施：基层充分干燥才能施工，以防地板受潮膨胀起鼓；安装时，充分找平基层，平整度不得大于 2mm/2m；使用中注意防止硬物碰撞和烫伤地板表面。

【能力测试】

1. 木地板分为_____、_____及中密度（强化）复合地板三类。

2. 实木地板的铺设方式主要有_____和_____两种。

3. 实木复合地板、中密度（强化）复合地板常采用_____做法，即将木地板直接浮铺于建筑地面基层上。

【实践活动】

1. 参观施工中（或施工完成）的一般架铺木地板工程，对照技术规范要求，认知一般架铺木地板的组成构件的名称、作用、安装要求，并判断其是否符合要求。

2. 以 4 ~ 6 人为 1 个小组，在学校实训基地进行一般架铺木地板施工实训。

【活动评价】

学生自评 （20%）	规范选用	正确□	错误□
	一般架铺木地板施工	合格□	不合格□
小组互评 （40%）	一般架铺木地板施工 工作认真努力，团队协作	合格□	不合格□
		很好□	较好□
		一般□	还需努力□
教师评价 （40%）	一般架铺木地板施工完成效果	优□	良□
		中□	差□

项目 3.4　地毯铺贴地面工程施工

【项目描述】

地毯作为地面饰面材料，具有行走舒适、噪声小、防滑、保温和隔热等多种功能，是一种既舒适又高雅的中高档饰面材料，被广泛用于宾馆、饭店、住宅等各类建筑地面。

【学习支持】

3.4.1　地毯铺贴地面工程施工相关知识

3.4.1.1　地毯铺贴地面工程相关规范

（1）《建筑地面工程施工质量验收规范》GB 50209－2010

（2）《住宅装饰装修工程施工规范》GB 50327－2001

（3）《建筑工程施工质量验收统一标准》GB 50300－2013

（4）《住宅室内装饰装修工程质量验收规范》JGJ/T 304－2013

3.4.1.2　地毯的种类和特点

1. 按地毯的材质分类

（1）纯羊毛地毯

纯羊毛地毯有手工编织羊毛地毯、机织羊毛地毯和无纺羊毛地毯等。其主要原材料是粗绵羊毛，具有弹力大、拉力强、光泽足等优点。

（2）混纺地毯

混纺地毯是在羊毛纤维中加入化学纤维进行混纺而织成的地毯。一般混纺地毯的耐磨性能比纯毛地毯好，如加入 20% 的尼龙纤维，耐磨性可提高 5 倍以上。

（3）化纤地毯

化纤地毯即合成纤维地毯。常用的材料有锦纶、腈纶、丙纶和涤纶等。这种地毯的外表与触感均像羊毛，耐磨而富有弹性。

（4）塑料地毯

塑料地毯是采用聚氯乙烯树脂和增塑剂等多种辅助材料，经均匀混炼、塑制而成的一种轻质地毯。它具有质地柔软、色泽鲜艳、舒适耐用、易于清洗等特点。

（5）剑麻地毯

剑麻地毯是以剑麻纤维为原料，经纺织、涂胶、硫化等工序制成，有素色和染色两类。它具有斜纹、螺纹、鱼骨纹、帆布平纹、多米诺纹等多种品种，并具有耐酸碱、耐摩擦、尺寸稳定、无静电等特点。其弹性较差、手感较粗糙，但较羊毛地毯便宜。

（6）橡胶绒地毯

橡胶绒地毯是以天然橡胶为原料，经蒸气加热，在地毯模具下模压而成。绒毛花约 5 ～ 6mm。它除具有其他材质地毯的一般特性外，还具有防霉、防滑、防虫蛀等特点，适用于浴室、走廊等经常淋水的场合。

2. 按编织工艺分类

（1）手工编织地毯

手工编织地毯是将绒毛与底网一起编织而成的，故也称手工打结地毯，是我国传统的编织地毯。一般以羊毛为原料，做工精细，图案和色彩丰富多变；其绒毛可以是环状的，也可以是剪开的。它是地毯中的高档产品。

（2）无纺地毯

无纺地毯即原料不经过传统的纺纱，而是经过网机构成均匀一致的纤维网，然后再用机械方式针刺、编织或化学方法粘合而成。这种地毯将绒毛缝在或粘在衬底上，故其绒毛较短，弹性和耐久性较差，但其造价也较低。

（3）簇绒地毯

簇绒编织法是目前化纤地毯中最常用的编织方法，有圈绒地毯和平绒地毯之分。圈绒是指编织中形成的绒的毛圈不予剪开，故其毛面是一圈圈的，圈绒的高度一般为 5 ～ 10mm。平绒是指对圈绒作割绒处理，其绒毛高度一般为 7 ～ 10mm。

3.4.1.3　施工工具

常用施工机具有搪刀（切边器）、张紧器（撑子）、扁铲、墩拐（用于压倒刺）、裁毯刀、电熨斗、裁刀、电铲、角尺、冲击钻、吸尘器等。部分施工工具如图 3-22 所示。

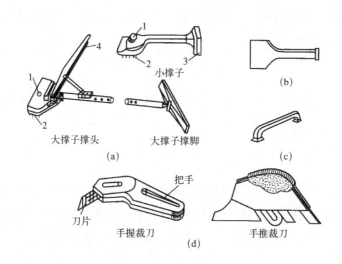

图 3-22　铺设地毯常用施工工具

(a) 地毯撑子；(b) 扁铲；(c) 墩拐；(d) 裁毯刀

1—扒齿调节钮；2—扒齿；3—空心橡胶垫；4—杠杆压柄

【任务实施】

3.4.2　地毯铺贴地面工程施工

地毯的铺设一般有固定式和活动式两种方法。固定式铺设有两种固定方法：一种是卡条式固定（或称倒刺固定法），使用倒刺板拉住地毯；另一种是粘接法固定，使用胶粘剂把地毯粘贴在地板上。活动式铺设是指将地毯明摆浮搁在基层上，不需将地毯与基层固定。

3.4.2.1　卡条式固定施工

1. 工艺流程

基层处理→弹线定位→裁割地毯→固定踢脚板→安装倒刺板→铺设垫层→铺设地毯→固定地毯→收口→修理地毯面

地毯铺设施工工艺－倒刺条

→清扫

2. 操作要点

（1）基层处理

地毯铺装对基层地面的要求较高，要求基层表面坚硬、平整、光洁、干燥。基层表面水平偏差应小于 4mm，含水率不大于 8%，且无空鼓或宽度大于 1mm 的裂缝。如有油污、蜡质等，需用丙酮或松节油擦净，并用砂轮机打磨清除钉头和其他突出物。

（2）弹线定位

应严格按图纸要求对不同部位进行弹线、分格。若图纸无明确要求，应对称找中弹线，以便定位铺设。

（3）裁割地毯

在铺装前必须进行实地测量，检查墙角是否规方，准确记录各角角度，并确定铺设方向。根据计算的下料尺寸在地毯背面弹线，用手推剪刀进行裁割，然后卷成卷并编号运入对号房间。化纤地毯的裁割备料长度应比实需尺寸长出 20 ～ 50mm，宽度以裁去地毯边缘后的尺寸计算。

裁割地毯时应沿地毯经纱裁割，只割断纬纱，不割经纱，对于有背衬的地毯，应从正面分开绒毛，找出经纱、纬纱后裁割，应注意切口处要保持其绒毛的整齐。如系圈绒地毯，裁割时应是从环卷毛绒的中间剪断。

（4）固定踢脚板

铺设地毯前要安装好踢脚板。铺设地毯房间的踢脚板多采用木踢脚板，也有采用带有装饰层的成品踢脚线。可按设计要求的方式固定踢脚板，踢脚板下缘至地面的间隙应比地毯厚度高 2 ～ 3mm，以便于地毯在此处掩边封口（采用其他材质的踢脚板时也在此位置安装），如图 3-23 所示。

（5）安装倒刺钉板

固定地毯的倒刺板（木卡条）沿踢脚板边缘用水泥钢钉（或采用塑料胀管与螺钉）钉固于房间或大厅的四周墙角，间距 400mm 左右，并离开踢脚板 8 ～ 10mm，以地毯边刚好能卡入为宜，如图 3-24 所示。

（6）铺设垫层

对于加设垫层的地毯，垫层应按倒刺板间净距下料，要避免铺设后垫层过长或不能完全覆盖。裁割完毕应对位虚铺于底垫上，注意垫层拼缝应与地毯拼缝错开 150mm。

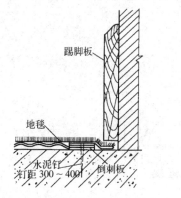

图 3-23　倒刺板条固定示意图（mm）

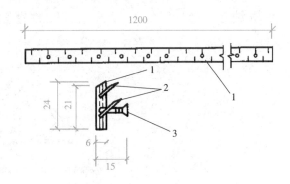

图 3-24　倒刺钉板条（mm）
1—胶合板条；2—挂毯朝天钉；3—水泥钉

（7）铺设地毯

◆　地毯拼缝

拼缝前要判断好地毯编织方向并用箭头在背面标明经线方向，以避免两边地毯绒毛排列方向不一致。拼缝方法主要有缝合接缝法和胶带接缝法两种。

纯毛地毯多用缝合接缝法。先用直针在地毯背面隔一定距离缝几针做临时固定，然后再用大针满缝。背面缝合拼接后，于接缝处涂刷 50～60mm 宽的一道胶粘剂，粘贴玻璃纤维网带或牛皮纸。将地毯再次平放铺好，用弯针在接缝处做正面绒毛的缝合，以使之不显拼缝痕迹为标准。麻布衬底化纤地毯多用粘接，即在麻布衬底上刮胶，再将地毯对缝粘平。

胶带接缝法是在地毯接缝位置弹线，依线将宽 150mm 的胶带铺好，两侧地毯对缝压在胶带上，然后用电熨斗（加热至 130～180℃）使胶质熔化，自然冷却后便把地毯粘在胶带上，完成地毯的拼缝连接。

接缝后注意要先将接缝处不齐的绒毛修齐，并反复揉搓接缝处绒毛，至表面看不出接缝痕迹为止。

◆　地毯的张紧与固定

地毯铺设后需拉紧、张平、固定，防止以后发生变形。

　　将裁好的地毯平铺在地上，先将地毯的一边用撑子撑平固定在相应的倒刺板条上，用扁铲将其毛边掩入踢脚板下的缝隙，再用地毯张紧器对地毯进行拉紧、张平，若小范围不平整可用小撑子通过膝盖配合将地毯撑平，如图3-25所示。

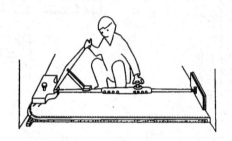

图3-25　张紧器张平地毯施工示意图

　　然后将其余三边均牢固稳妥地勾挂于周边倒刺板朝天钉钩上并压实。再用搪刀将地毯边缘修剪整齐，用扁铲把地毯边缘塞入踢脚板和倒刺板之间的缝隙内。地毯张拉步骤如图3-26所示。

　　对于走廊等纵向较长部位的地毯铺设，应充分利用地毯撑子使地毯在纵横方向呈 V 形张紧，然后再固定。

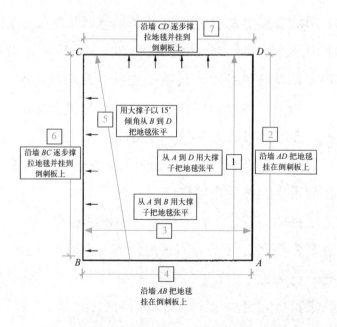

图3-26　平绒地毯张拉步骤示意图

（8）收口清理

在门口和其他地面分界处，可按设计要求分别采用铝合金 L 形倒刺收口条（图 3-27）、带刺圆角锑条或不带刺的铝合金压条（图 3-28）或其他金属装饰压条进行地毯收口。收口方法是弹出线后用水泥钢钉（或采用塑料胀管与螺钉）固定铝压条，再将地毯边缘塞入铝压条口内轻敲压实，如图 3-29 所示。

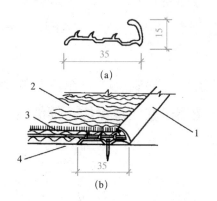

图 3-27　铝合金收口条（mm）
1—收口条；2—地毯；3—地毯垫层；4—混凝土楼板

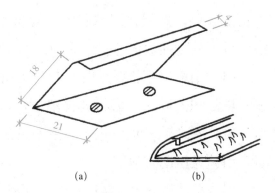

图 3-28　铝合金压条与锑条（mm）
（a）铝合金压条；（b）锑条

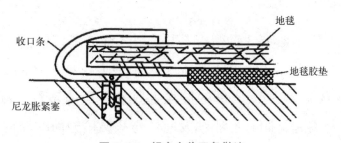

图 3-29　铝合金收口条做法

固定后检查完，将地毯张紧后将多余的地毯边裁去，清理拉掉的纤维，用吸尘器将地毯全部清理一遍。用胶粘贴的地毯，24h 内不许随意踩踏。

3.4.2.2　粘贴固定法施工

1. 粘贴法固定工艺流程

基层处理→实量放线→裁割地毯→刮胶晾置→铺设辊压

地毯铺设施工
工艺 – 粘贴

→清理、保护

2. 操作要点

（1）基层处理：铺设地毯的地面需具有一定的强度，地面要平整，无凸包、麻坑、裂缝等。施工时地面应扫除干净，并保持干燥。

（2）刮胶晾置：刷胶有满刷胶与局部刷胶两种，在公共场所，因人活动频繁，应采用满刷胶；不常走动的房间，一般采用局部刷胶。

可选用铺贴塑料地板用的地板胶。用胶结固定地毯，一般不放垫层，在基层上胶刷，然后将地毯固定在基层上。胶刷好后应晾置 5 ～ 10min，待胶液变得干粘时铺放地毯。

（3）铺设辊压：对面积不大的房间，可采用局部刷胶，先在地面的中间刷一块面积的胶，然后将地毯铺放，再用地毯撑子往四边撑拉，再沿墙边刷两条胶，将地毯压平掩边。对狭长的走廊或过道，宜从一端铺向另一端。铺平后用毡辗压出气泡。

（4）接缝拼合：当地毯需要拼接时，在拼缝处刮一层胶，将地毯拼密实。其他铺设要求与固定铺设法相同。

3.4.2.3 活动式铺设

此类铺设方式一般有 3 种情况：①采用装饰性工艺地毯，铺置于较醒目部位，形成烘托气氛的某种虚拟空间；②小型方块地毯产品一般基底较厚，且在麻底下面带有 2 ～ 3mm 厚的胶层并贴有 1 层薄毡片，故其重量较大，人行其上时不易卷起，同时也能加大地毯与基层接触面的滞性，承受外力后会使方块与方块之间更为密实，能够满足使用要求；③大幅地毯应预先缝制连接成整块，浮铺于地面后自然敷平并依靠家具或设备的重量压紧，周边塞紧在踢脚板下或其他装饰造型体下部。

1. 工艺流程

基层处理→裁割地毯→接缝缝合→铺贴→收口、清理

2. 操作要点

（1）基层处理：要求基层平整光洁，不能有突出表面的堆积物，其平整度要求用 2m 直尺检查时偏差不大于 2mm。

（2）铺贴地毯：按地毯方块在基层弹出分格控制线。从房间中央向四周铺排，逐块就位，表面平服并相互靠紧。

（3）收口：至收口部位，按设计要求选择适宜的收口条收口，将地毯的毛边伸入收口条内，再将收口条端部砸扁，即起到收口和边缘固定的双重作用。

与其他材质地面交接处，如标高一致，可选用铜条或不锈钢条；标高不一致时，一般应采用铝合金收口条，重要部位也可配合采用粘贴双面粘结胶带等措施。

3.4.2.4 地毯铺设施工质量控制

地毯面层的质量标准和检验方法见表3-7。

地毯面层的质量标准和检验方法 表 3–7

项目	项次	质量要求	检验方法
主控项目	1	地毯的品种、规格、颜色、花色、胶料和辅料及其材质必须符合设计要求和国家现行地毯产品标准规定	观察检查和检查材质合格记录
	2	地毯表面应平服，拼缝处粘接牢固，严密平整，图案吻合	观察检查
一般项目	1	地毯表面不应起鼓、起皱、翘边、卷边、显拼缝、露线和无毛边，绒面毛顺光一致，毯面干净，无污染和损伤	观察检查
	2	地毯同其他面层连接处、收口处和墙边、柱子周围应顺直、压紧	观察检查

【能力测试】

1. 地毯的种类有哪些？
2. 简述地毯铺贴的施工工艺。

【实践活动】

1. 参观施工中（或施工完成）的地毯铺贴工程，对照技术规范要求，了解地毯铺贴地面的组成及施工要求，并判断其是否符合要求。

2. 以4～6人为1个小组，在学校实训基地进行地毯铺贴施工实训。

【活动评价】

学生自评 (20%)	规范选用	正确☐	错误☐
	地毯铺贴施工	合格☐	不合格☐
小组互评 (40%)	地毯铺贴施工	合格☐	不合格☐
	工作认真努力，团队协作	很好☐	较好☐
		一般☐	还需努力☐
教师评价 (40%)	地毯铺贴施工完成效果	优☐	良☐
		中☐	差☐

项目 3.5 特殊地面工程施工

【项目描述】

本项目主要介绍塑料地面、环氧树脂地面等特殊地面工程的施工。

塑料地面具有步感舒适、噪声小、防滑、耐磨、耐化学腐蚀等特点，多用于室内公共场所。常用的材料有：聚氯乙烯树脂塑料、聚氯乙烯 - 聚乙烯共聚塑料、聚乙烯树脂、聚丙烯树脂和石棉塑料板等。

环氧树脂涂布材料以环氧树脂为基料，加入固化剂、增塑剂、稀释剂、填料和颜料等配制而成。它具有与基层粘结好、收缩率小、耐磨、耐刻划和耐化学品性能好等优点。

【学习支持】

特殊地面工程施工相关规范

（1）《建筑装饰装修工程质量验收标准》GB 50210－2018

（2）《住宅装饰装修工程施工规范》GB 50327－2001

（3）《建筑工程施工质量验收统一标准》GB 50300－2013

【任务实施】

3.5.1 塑料地面工程施工

3.5.1.1 施工准备

1. 材料准备

（1）塑料地板：塑料地板饰面采用的板块（片）应平整、光洁，无裂纹，色泽均匀，厚薄一致，边缘平直；板内不应有杂物和气泡，并应符合产品的各项技术指标。塑料地板使用前应贮存于干燥、洁净的库房，并距热源 3m 以外，其环境温度不宜大于 32℃。

（2）胶粘剂：胶粘剂的选用应根据基层所铺材料和面层的使用要求来确定。其种类主要有：乙烯类、氯丁橡胶型、聚氨酯、环氧树脂、合成橡胶溶剂和沥青类等。胶的稠度应均匀、颜色一致，超过生产期 3 个月和保质期的产品要取样检验，合格后方可使用。

2. 施工机具准备

主要包括梳形刮板、划线器、橡胶滚筒、橡胶压边滚筒、大压辊、裁切刀、墨斗、8～10kg 砂袋、棉纱、橡胶锤、油漆刷、钢尺等常用工具，如图 3-30 所示。

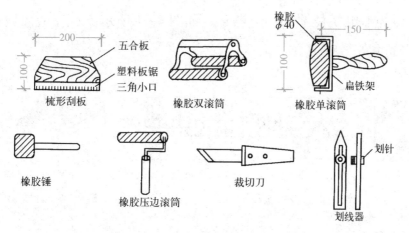

图 3-30　塑料地板铺贴常用工具（mm）

3.5.1.2　施工工艺

1. 工艺流程

（1）半硬质塑料地板块：基层处理→弹线→塑料地板脱脂除蜡→预铺→刮胶→粘贴→滚压→清理养护。

（2）软质塑料地板块：基层处理→弹线→塑料地板脱脂除蜡→预铺→坡口下料→刮胶→粘贴→接缝焊接→滚压→养护。

（3）卷材塑料地板：裁切→基层处理→弹线→刮胶→粘贴→滚压→养护。

2. 操作要点

（1）基层处理：基层应达到表面不起砂、不起皮、不起灰、不空鼓、无油渍，手摸无粗糙感。基层的表面还应平整、干燥。不符合要求时应先处理地面。

基层如有麻面起砂及裂缝等缺陷，可分 1 ~ 2 遍用腻子嵌补找平，处理时每遍批刮的厚度不应大于 0.8mm；每遍腻子干燥后要用 0 号铁砂布打磨，然后再批刮第 2 遍腻子，直至表面平整后再用水稀释的乳液涂刷 1 遍，最后再刷 1 道水泥胶浆。

（2）弹线分格：拼花铺贴的地面，在基层处理后应按设计要求进行弹线、分格和定位。以房间中心为中心，弹出相互垂直的两条定位线。定位线有十字形、丁字形和对角线形几种形式。然后按板块尺寸，每隔 2 ~ 3 块弹 1 道分格线，以控制贴块位置和接缝顺直，如图 3-31 所示。可在地面周边距墙面 200 ~ 300mm 处做镶边。

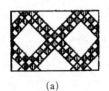
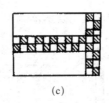
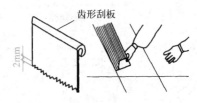

图 3-31　弹线分格
(a) 对角线；(b) 十字形；(c) 丁字形

图 3-32　地面基层上涂胶

（3）塑料地板脱脂除蜡：硬质、半硬质地板应先用棉丝蘸丙酮与汽油混合溶液（质量比 1：8）进行脱脂除蜡处理，称为硬板脱脂。

对于软质塑料地板块，则应做预热处理：放入 75℃ 的热水中浸泡 10～20min，待板面全部松软伸平后，取出晾干备用，称为软板预热，但不得用炉火或电热炉预热。

（4）预铺：塑料地板试铺前，按设计图案要求及地面画线尺寸选择相应颜色的塑料地板块，依拼花图案预铺。合格后按顺序编号，为正式铺装施工做好准备。

对于卷材型塑料地板，也要进行局部切割后到位试拼预铺。在裁剪时要注意留足拼花图案对接余量，并应搭接 20～50mm，用刀从搭接处中部切割开，再涂胶粘贴。

（5）刮胶：在基层表面及塑料地板背面涂刷胶粘剂。不同的胶粘剂施工方法不同。

◆ 乳液型胶粘剂：应在基层与塑料地板块背面同时均匀涂胶。刮胶方式有直线刮胶和八字形刮胶两种，刮胶宜用锯齿形刮板，直线刮胶方法如图 3-32 所示。涂刮越薄越好，涂胶厚度应不超过 1mm，胶粘剂涂贴的板背面积应大于 80% 板背面积，无需晾干，随刮随铺。

◆ 溶剂型胶粘剂：在基层上均匀涂胶一道，待胶层干燥至不粘手时（一般在室温 10～35℃ 时，静置 5～15min）即可进行铺贴。

对于粘贴施工的塑料地板，最好先清扫干净基层表面，并涂刮一层薄而均匀的底胶，以增强基层与面层的粘结强度。待底胶干燥后，即可铺贴操作。

底胶一般在现场配制，当采用非水溶性胶粘剂时，直接用胶粘剂（非水溶性）加入其质量 10% 的汽油（65 号）和 10% 的醋酸乙酯（或乙酸乙酯）并搅拌均匀；当采用水溶性胶粘剂时，直接用胶加水稀释并搅拌均匀。

（6）粘贴、滚压

◆ 硬质、半硬质塑料地板铺贴从十字中心或对角线中心开始，逐排进行，丁字形可从一端向另一端铺贴。

铺贴时，双手斜拉塑料板从十字交点开始对齐，再将左端与分格线或已贴好的板边比齐，顺势把整块板慢慢贴在地上，用手掌压按，随后用橡皮锤（或滚筒）从板中向四周锤击（或滚压），赶出气泡，确保严实。按弹线位置沿轴线由中央向四周铺贴，排缝可控制在 0.3 ~ 0.5mm，每粘一块随即用棉纱（使用溶剂型胶粘剂时，可蘸少量松节油或汽油）将挤出的余胶擦净，如图 3-33 所示。板块如遇不顺直或不平整，应揭起重铺。

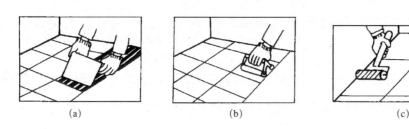

图 3-33　塑料地板的铺贴及压实示意图
(a) 地板一端对齐粘合；(b) 用橡胶滚筒赶走气泡；(c) 压实

◆　塑料卷材地面粘贴铺贴时，按预先弹完的线，4 人各提起卷材一边，先放好一端，再顺线逐段铺贴。若离线偏位，立即掀起调整正位放平。放平后用手和滚筒从中间向两边赶平，并排尽气泡。如有气泡赶压不出，可用针头插入气泡，用针管抽空，再压实粘牢。卷材边缝搭接不少于 20mm，沿定位线用钢板直尺压线并用裁刀裁割。一次割透两层搭接部分，撕除上下层边条，并将接缝处掀起部分铺平压实、粘牢。

当半硬质塑料板块或卷材缝隙需要焊接时，可采用先焊后铺贴的做法，也可在铺贴 48h 之后再行施焊。焊缝冷却至常温，将突出面层的焊包用刨刀切削平整，切勿损伤两边的塑料坡面。焊条用等边三角形或圆形焊条，其成分和性能应与被焊塑料地板相同。接缝焊接时，两相邻边要切成 V 形槽，以增加焊接牢固性，坡口切割方法如图 3-34 所示。

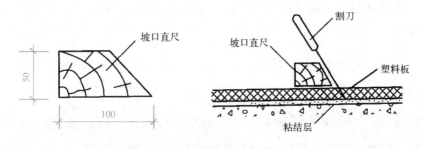

图 3-34　坡口切割（mm）

（7）清理养护：铺贴完毕用清洁剂全面擦拭干净。至少 3d 内不得上人行走。平时应避免 60℃以上的物品或一些溶剂与塑料地板接触。

（8）铺踢脚板：踢脚板的铺贴要求同地板。在踢脚线上口挂线粘贴，做到上口平直，铺贴顺序为先阴、阳角，后大面，做到粘贴牢固。踢角板对缝与地板缝要做到协调一致。

若踢脚板是卷材，应先将塑料条钉在墙内预留木砖上，然后在其与地板接缝处用焊枪喷烧塑料条焊接。

【知识拓展】

3.5.2 环氧树脂地面工程施工工艺

1. 基层处理

施工前需清洁地面，并铲平补齐。补平可以用腻子，也可用涂布材料。基层必须充分干燥，故清洁后要干燥一周。

地面涂层之环氧
地坪漆施工工艺

2. 配料

（1）涂布料为防止液料中的树脂因挥发而干粘，故先将干料混合均匀后再配液料。

（2）施工时，1 次配料量不宜过多。环氧树脂涂布料在配制时，易发生急速固化现象，使树脂过早固化而成废料。一般 1 次最多配制 5kg 树脂。

3. 涂布地面

（1）涂布应先里后外，涂前可先用粉笔在地面上划出分格，用胶皮刮板先刮平，再用抹子抹平抹光。涂布厚度约为 1.5mm，每格大小约为 1m^2。

（2）除了单色涂布地面外，还可做仿石地面，如仿大理石地面，是在单色涂布后，在其上掺入钛白粉的涂布料，让其自由流平，也可用铁板拉花；仿水磨石地面，是在单色涂布地面上点上小石粒大小的斑点。

4. 养护

涂布后一般应养护 1～2 周，夏天可少一些，养护期间应注意通风换气。交付使用前可以在面层上再涂 1 遍清漆，并打 1 次蜡。

【能力测试】

1. 塑料地板使用前应贮存于干燥、洁净的库房，并距热源_____以外，其环境温度不宜大于_____℃。

2. 涂布的顺序应_____，涂前可先用粉笔在地面上划出分格，用胶皮刮板先刮平，再用抹子抹平抹光。涂布厚度约为1.5mm，每格大小约为____m²。

【实践活动】

以4～6人为1个小组，在学校实训基地进行塑料地面施工实训。

【活动评价】

学生自评 (20%)	规范选用	正确□	错误□
	塑料地面施工	合格□	不合格□
小组互评 (40%)	塑料地面施工	合格□	不合格□
	工作认真努力，团队协作	很好□	较好□
		一般□	还需努力□
教师评价 (40%)	塑料地面施工完成效果	优□	良□
		中□	差□

模块 4
顶棚工程施工

【模块概述】

　　顶棚装饰工程是指对室内空间上部的结构层所做的装饰层，又称天花。按构造及施工方法不同，顶棚分为直接式顶棚和悬吊式顶棚。直接式顶棚是指直接在楼板底面进行抹灰或粉刷、粘贴等装饰而形成的顶棚；悬吊式顶棚也叫吊顶，它是为了对一些楼板底面极不平整或在楼板底敷设管线的房间加以修饰美化，或满足较高隔声要求而在楼板下部空间所作的装修。本模块着重讨论顶棚抹灰及各类吊顶的构造组成、施工方法、质量标准及检测验收方法。

【学习目标】

　　通过本模块的学习，你将能够：

1. 认知各类顶棚的构造组成；
2. 认知各类顶棚的施工工艺；
3. 会进行顶棚工程的施工；
4. 能参与顶棚工程施工质量检测验收。

项目 4.1　顶棚抹灰工程施工

【项目描述】

顶棚抹灰工程属于直接式顶棚，即直接在楼板底面进行抹灰装饰而形成的顶棚（图4-1）。这种做法不占净空高度，造价低，但其易剥落，维修周期短，装饰效果一般。它主要用于装修要求不高的房间，其要求和做法与内墙装修相同。

钢筋混凝土楼板下的顶棚抹灰、应待上层楼板地面面层完成后才能进行。板条、金属网顶棚抹灰，应待板条、金属网装钉完成，并经检查合格后，方可进行。

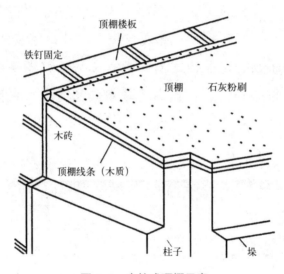

图 4-1　直接式顶棚示意

【学习支持】

顶棚抹灰工程相关规范

（1）《建筑工程施工质量验收统一标准》GB 50300-2013

（2）《建筑装饰装修工程质量验收标准》GB 50210-2018

（3）《住宅装饰装修工程施工规范》GB 50327-2001

（4）《住宅室内装饰装修工程质量验收规范》JGJ/T 304-2013

【任务实施】

4.1.1 施工前准备

1. 材料准备

顶棚抹灰所用的材料有水泥石灰砂浆、双飞灰胶浆、石灰砂浆、纸筋灰、麻刀灰和石膏灰等。其材料准备同内墙一般抹灰。

2. 机具准备

（1）脚手架可采用满堂红脚手架、室内用简易脚手架，如图 4-2 所示。

（2）其他工具同内墙面一般抹灰。

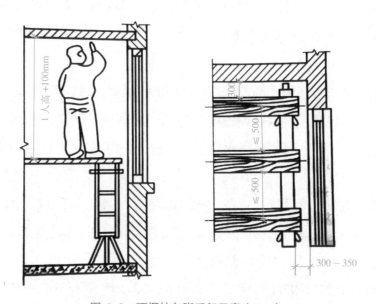

图 4-2　顶棚抹灰脚手架示意（mm）

4.1.2 工艺流程

基层处理→弹水平线→湿润→刷结合层→抹底层灰→抹中层灰→抹罩面灰。

4.1.3 施工要点

1. 基层处理

预制混凝土楼板顶棚在抹灰前应检查其板缝大小，若板缝较大，应用细石混凝土灌实；若板缝较小，可用 1：0.3：3 的水泥石灰混合砂浆勾实，否则抹灰后易顺缝产生裂缝。

板条顶棚（单层板条）抹灰前，应检查板条缝是否合适，一般要求间隙为 7 ～ 10mm。

基层处理包括清除板底浮灰、砂石和松动的混凝土，剔平混凝土突出部分，清除板面隔离剂。当隔离剂为滑石粉或其他粉状物时，先用钢丝刷刷除，再用清水冲洗干净。当为油脂类隔离剂时，先用 10% 的火碱溶液洗刷，再用清水冲洗干净。

2. 弹水平线

按抹灰层的厚度（包括面层）在四面墙上弹出水平线（一般距顶棚 100mm 左右）作为控制抹灰层厚度的基准线，同时确保顶棚阴角线成顺直的直线。此线必须从地面标高控制线（50 线）量起，不可从顶棚向下量。

3. 湿润、刷结合层

抹底层灰前一天，用水湿润基层，太光滑的混凝土顶棚基层需先凿毛，扫净浮灰。抹底层灰的当天，根据顶棚湿润情况，用茅草帚洒水、湿润，接着满刷一遍 108 胶水泥浆（素水泥浆内掺水重量 3% ～ 5% 的 108 胶），随刷随抹底层灰。

4. 抹底层灰

顶层抹灰宜从房间里面开始、向门口进行，最后从门口退出。

通常不做灰饼。使用水泥砂浆，抹底层灰的方向与楼板接缝及木模板木纹方向垂直，用力抹压，使砂浆挤入缝隙中。底灰要抹得薄、不漏抹，厚度为 3 ～ 5mm，并随手带成粗糙毛面，如图 4-3、图 4-4 所示。

在板条、金属网顶棚上抹底层灰、铁抹抹压方向应与板条长度方向相垂直，在板条缝处要用力抹压，使底层灰压入板条缝或网眼内，形成转脚以使其结合牢固。底层灰要抹得平整。

5. 抹中层灰

抹底层灰后（常温 12h 后；对混凝土顶棚，在底层灰养护 2 ～ 3d 后），采用水泥混合砂浆抹中层灰，先抹顶棚四周，再抹大面。抹完后先用刮尺顺平，然后用木抹子搓平，低洼处当即找平，使整个中层灰表面顺平。

抹中层灰时，抹压方向宜与底层灰抹压方向相垂直。中层灰应保持平整、光洁。

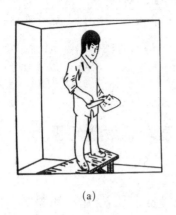

(a) (b)

图 4-3 顶棚抹灰姿势示意

(a) 持灰板姿势；(b) 抹灰姿势

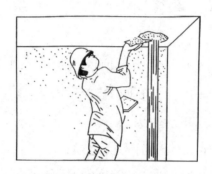

图 4-4 管道周围抹灰示意

6. 抹面层灰

待中层灰凝结后，即可抹罩面灰，用铁抹子抹平压实收光。如中层灰表面已发白（太干燥），应先洒水湿润后再抹罩面灰。

面层抹灰经抹平压实后的厚度不得大于 2mm，分两道完成，第 1 道尽量薄，紧跟抹第 2 道。第 2 道抹的方向与第一道垂直。待第 2 道稍干后，用铁抹子满压 1 遍，然后再按同一方向抹压赶光。最后抹压方向宜平行于房间进光方向。面层灰应保持平整、光滑、不见抹印。

顶棚抹灰应待前一层灰凝结后才能抹后一层灰，不可紧接进行。顶棚面积较小时，整个顶棚抹上灰后再进行压平、压光；顶棚面积较大时，可分段分块抹灰，压平、压光，但接合处必须理顺；底层灰全部抹压后，才能抹中层灰，中层灰全部抹压后，才能抹面层灰。

顶棚灰抹完后，应关闭门窗，使抹灰层在潮湿空气中养护。

对平整的混凝土大板，如设计无特殊要求，可不抹灰，而用腻子分遍刮平收光后刷浆，要求各遍粘结牢固，总厚度不大于 2mm，腻子配合比（体积比）为：乳胶∶滑石粉（或大白粉）∶2% 甲基纤维素溶液 =1∶5∶3.5。

【知识拓展】

4.1.4　顶棚抹灰工程的质量标准及常见质量问题

1. 顶棚抹灰工程的质量标准

顶棚抹灰工程的质量标准见 2.1.3.4 一般抹灰工程施工质量检测及验收。

2. 顶棚抹灰常见质量问题

混凝土顶板抹灰空鼓、裂缝。

（1）现象

混凝土现浇楼板底抹灰，往往在顶板四角产生不规则裂缝，中部产生通长裂缝，预制楼板则沿板缝产生纵向裂缝和空鼓现象。

（2）原因分析

◆　基层清理不干净，抹灰前未浇透水。

◆　预制混凝土楼板板底安装不平，相邻板底高低偏差大，造成抹灰厚薄不均，产生空鼓、裂缝。

◆　楼板安装排缝不匀，灌缝不密实，影响预制楼板的整体性，在挠曲变形情况下，板缝方向出现通长裂缝。

◆　砂浆配合比不当，底层砂浆与楼板粘结不牢，产生空鼓、裂缝。

【特别提示】

《建筑装饰装修工程质量验收标准》GB 50210−2018 指出：混凝土（包括预制混凝土）顶棚基体抹灰，由于各种因素的影响，抹灰层脱落的质量事故时有发生，严重危及人身安全，引起了有关部门的重视，故规范要求顶棚的抹灰层与基层之间及各抹灰层之间必须粘结牢固。如北京市为解决混凝土顶棚基体表面抹灰层脱落的质量问题，要求各施工单位，不得在混凝土顶棚基体表面抹灰，用腻子找平即可，多年来取得了良好的效果。

【能力测试】

在抹顶棚面层灰时应注意哪些问题？

【实践活动】

1. 参观已完工的顶棚抹灰，对照技术规范要求，判断其是否符合要求。

2. 以 4 人为 1 个小组，在学校实训基地做顶棚抹灰实训。

【活动评价】

学生自评 (20%)	规范选用	正确□	错误□
	顶棚抹灰	合格□	不合格□
小组互评 (40%)	顶棚抹灰	合格□	不合格□
	工作认真努力，团队协作	很好□	较好□
		一般□	还需努力□
教师评价 (40%)	顶棚抹灰完成效果	优□	良□
		中□	差□

项目 4.2　木龙骨吊顶工程施工

【项目描述】

木龙骨吊顶是悬吊式顶棚的一种做法，是以木质龙骨为基本骨架，配以胶合板、纤维板等作为饰面材料组合而成的吊顶体系。其具有加工方便、造型能力强等优点，但是不适用于大面积吊顶。所用胶合板幅面大而平整光洁、不易翘曲变形，可锯切，加工方便。一般用铁钉、木螺钉、木压条固定。需要注意的是胶合板顶棚的应用是有防火要求的，面积超过 $50m^2$ 的顶棚不允许使用胶合板饰面。

【学习支持】

4.2.1 悬吊式顶棚（吊顶）的相关知识

4.2.1.1 悬吊式顶棚（吊顶）工程相关规范

（1）《建筑工程施工质量验收统一标准》GB 50300－2013

（2）《建筑装饰装修工程质量验收标准》GB 50210－2018

（3）《住宅室内装饰装修工程质量验收规范》JGJ/T 304－2013

4.2.1.2 顶棚的分类

顶棚的分类见表 4-1。

顶棚分类   表 4-1

项次	分类		品种
1	按施工方法分	直接式顶棚	直接喷（刷）浆、粘贴、抹灰，直接把板材粘贴或安装到顶棚上
		悬吊式顶棚（吊顶）	装饰板安装在悬挂于顶棚的搁栅上的施工方法
2	按龙骨材料分		木龙骨吊顶、轻钢龙骨吊顶、铝合金龙骨吊顶
3	按外观形式分		浮云式、平滑式（直线、折线式）、井格式、分层式（跳级式）、发光式
4	按结构形式分		整体面层吊顶、板块面层吊顶、格栅吊顶
5	按装饰面分	塑料装饰板	矿棉装饰吸声板、珍珠岩装饰吸声板、玻璃棉装饰吸声板、纤维装饰吸声板、聚氯乙烯顶棚、聚乙烯泡沫塑料装饰板、钙塑泡沫装饰吸声板、聚苯乙烯泡沫塑料吸声板、装饰塑料贴面复合板
		石膏板	装饰石膏板、纸面石膏板、吸声穿孔石膏板、嵌装式装饰石膏板
		金属装饰板	金属微穿孔吸声板、铝合金装饰板、铝合金条形扣板
		其他板材	木制板（刨花板、木丝板、保丽板）、麦秸板、无机轻质防火板等

4.2.1.3 悬吊式顶棚（吊顶）的构造

吊顶是由吊筋（亦称吊杆）、龙骨（搁栅）、饰面板（封口板）三个部分构成（图 4-5）。

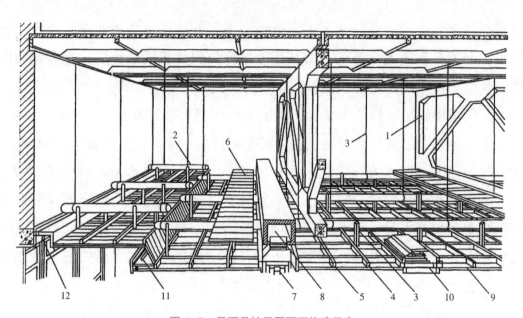

图 4-5 吊顶悬挂于屋面下构造示意

1—屋架；2—主龙骨；3—吊筋；4—次龙骨；5—间距龙骨；6—检修走道；
7—出风口；8—风道；9—吊顶面层；10—灯具；11—灯槽；12—窗帘盒

（1）吊筋（吊杆）

吊筋主要是承受吊顶的质量（如饰面板、龙骨以及维修人员等）并将质量传递给屋面板、楼板、顶梁和屋架。同时用于调整、确定顶棚的空间高度。吊筋与楼板的固定方式如图 4-6 所示。

吊杆距主龙骨端部距离不得大于 300mm。当吊杆长度大于 1500mm 时，应设置反支撑。当吊杆与设备相遇时，应调整并增设吊杆或采用型钢支架。

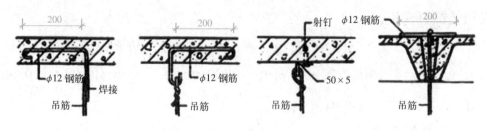

图 4-6 吊筋与楼板的固定方式（mm）

（2）龙骨

龙骨又称吊顶基层，由主龙骨、次龙骨、搁棚、次搁棚、小搁棚形成网架体系。其作用是承受吊顶棚、饰面板和上人吊顶的检修荷载，并将质量通过吊筋传递到房屋主体结构。主龙骨是吊顶骨架结构中主要的受力构件，它承担饰面部分和次龙骨等的荷载并通过吊杆传到楼板的结构层。次龙骨和横撑龙骨的主要作用是固定饰面板。

龙骨按材质可以分为木龙骨、轻钢龙骨和铝合金龙骨。

木龙骨为方形或长方形条状。一般主龙骨采用 50mm × 70mm 或 60mm × 100mm 断面尺寸的木方，次龙骨采用 50mm × 50mm 或 40mm × 40mm 的木方。

大型公共建筑应尽量减少使用木龙骨。在金属龙骨无法做出的异形吊顶可以少量采用木龙骨，注意在使用前要做防火处理。此外，接触砖石、混凝土的木龙骨需经防腐处理。重型设备和有振动荷载的设备严禁安装在吊顶工程的龙骨上。

（3）饰面板

饰面板又称面层，主要起装饰作用，兼具有一定的特定功能，如吸声、反射、隔热等作用。

◆ 胶合板

胶合板是将三层或多层木质单板，沿纤维方向相互垂直胶合压制而成，俗称三合板、五合板。吊顶工程一般采用 5mm 厚的胶合板。

◆ 石膏板

石膏板以建筑石膏为主要原料，加入纤维、胶粘剂、缓凝剂、发泡剂等混炼压制、干燥而成。它具有防火、隔声、隔热、质轻、强度较高、耐腐蚀等优点，且可加工性能好，可钉、锯、刨、粘等。在吊顶中常用的有纸面石膏板和装饰石膏板。

其中应用最广的是纸面石膏板，配以轻钢龙骨，防火性能很好。普通纸面石膏板长度有 2400、2500、2700、3000mm 等，宽度有 900、1200mm，厚度有 9、12、15、18mm。

◆ 矿棉装饰吸声板

矿棉装饰吸声板以矿棉或岩棉为主要原料，加入适量胶粘剂，经加压、烘干、贴面而成。其具有质轻、防火、隔热、保温、施工简便、吸声效果好等特点，适用于影剧院、音乐厅、会堂、商场、会议室等场所，但房间内湿度大时不宜安装矿棉板。

◆　金属装饰板

金属装饰板是以不锈钢板、铝合金板等作为基板经加工处理而成的，具有质量轻、强度高、耐腐蚀、防火防潮、化学稳定性好等特点。

4.2.1.4　悬吊式顶棚（吊顶）的施工要求

吊顶装饰为了满足一定功能及美观目的，在装饰设计和施工中应达到以下要求：

（1）空间的舒适要求：包括足够的使用高度、吊顶的合适色彩和选料情况。

（2）使用的安全要求：吊顶位于室内空间上部，内设置线管、灯具、空调风口、音箱设备（图4-5），有时还要满足上人检修要求。所以，要求吊顶具有安全、牢固和稳定的性能。

（3）室内的防火要求：有些设备在使用中会散热，有时线路短路会造成火灾，故要求吊顶选用防火材料或采取防火措施。

（4）建筑的物理要求：考虑到光、声、热等环境的改善。

（5）卫生工作条件要求：设计时注意避免表面大面积积尘的可能性。

（6）经济效益的要求：尽量做到降低工程造价。

【任务实施】

4.2.2　木龙骨吊顶施工

木龙骨吊顶的构造如图4-7所示。

4.2.2.1　施工准备

（1）吊顶施工前，顶棚上部的空调、消防、照明等设备和管线应安装就位并基本调试完毕。从顶棚经墙体布设下来的各种电气开关、插座线路安装就绪。

（2）木龙骨处理

◆　防火处理：木龙骨在使用前要涂刷防火涂料以满足防火规范要求，防火涂料涂刷要不少于3遍，而且每遍涂刷的防火涂料要采用不同的颜色以便于验收。

◆　防腐处理：按设计要求进行防腐处理。

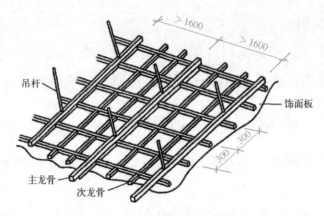

图 4-7 木龙骨吊顶的构造示意（mm）

4.2.2.2 木龙骨吊顶的施工工艺

放线→固定沿墙边龙骨→安装吊点紧固件及吊杆→拼接木龙骨架→吊装龙骨架→吊顶骨架的整体调整→板材处理→铺钉胶合板→节点处理→钉眼处理

4.2.2.3 施工要点

1. 放线

放线包括弹出吊顶标高线、吊顶造型位置线、吊点位置线、大中型灯具位置线。

（1）弹出吊顶标高线。

方法一：测量法，根据室内墙上的 +50cm 水平线，用尺量至顶棚的设计标高，沿墙四周按标高弹 1 道水平墨线，这条线便是吊顶的标高线，吊顶标高线的水平偏差不能大于 ±5mm。

方法二：水柱法，即用 1 条透明塑料软管灌满水后，将其一端的水平面对准墙面上的设计标高点，再将软管的另一端水平面在同侧墙面拉出另一点，当软管内的水面静止时，画下该点的水平面位置，再将这两点连线，即为吊顶标高线。

（2）弹出造型位置线。对于规则的室内空间，其吊顶造型位置线可以先根据 1 个墙面量出吊顶造型位置的距离，并画出直线，再用相同方法依据另 3 个墙面画出直线，即得到造型位置外框线，再根据该外框线逐点画出造型的各个局部。对于不规则的空间其吊顶造型线宜采用找点法，即根据施工图量出造型边缘距墙面的距离，在实际的顶棚上量出各墙面距造型边线的各点距离，将各点连线形成吊顶造型线。

（3）弹出吊点位置线。平顶吊顶的吊点一般是按每平方米 1 个，要求均匀分布；有叠级造型的吊顶应在叠级交界处设置吊点，吊点间距通常为 800～1200mm。上人吊顶的吊点要按设计要求加密。吊点的位置不应与吊顶内的管道或电气设备位置冲突。较大的灯具要专门设置吊点。

（4）弹出大中型灯具位置线。

2. 固定沿墙边龙骨

固定边龙骨主要采用射钉固定，间距为 300～500mm。边龙骨的固定应保证牢固可靠，其底面必须与吊顶标高线保持齐平。

3. 安装吊点紧固件及吊杆

吊顶吊点的固定可采用射钉将截面为 40mm×50mm 的木方直接固定在楼板底面作为吊杆的连接件，也可以采用膨胀螺栓固定角钢块作为吊点紧固件。

木龙骨吊顶的吊杆有木吊杆、角钢吊杆和扁铁吊杆，其中木吊杆应用较多。吊杆的固定方法如图 4-8 所示。

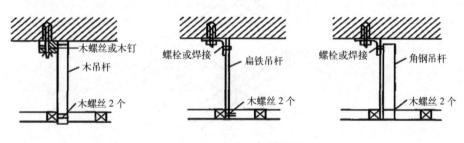

图 4-8　吊顶吊杆的固定

4. 拼接木龙骨

先在地面进行分片拼接，考虑便于吊装，拼接的木龙骨架不宜过大，最大组合片应不大于 10m²。自制的木骨架要按分格尺寸开半槽，成品木龙骨有凹槽可以省略此工序。按凹槽对凹槽的咬口方式将龙骨纵横拼接。槽内先涂胶，再用小铁钉钉牢，如图 4-9 所示。

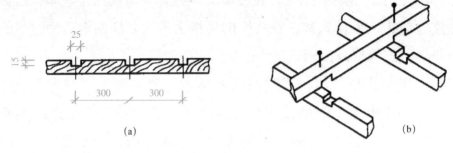

图4-9　木龙骨的拼接（mm）

5. 吊装龙骨架

（1）分片吊装。将拼接好的单元骨架或者分片龙骨框架托起至吊顶标高位置，先做临时固定。临时固定的方法：对于安装高度在3.2m以下的可采用高度定位杆做临时支撑；安装高度在3.2m以上的设置临时支撑有困难时，可以用铁丝在吊点处做临时悬吊绑扎固定。

（2）固定龙骨架与吊杆。龙骨架与吊杆可以采用木螺丝固定，如图4-10所示。吊杆的下部不得伸出木龙骨底面。

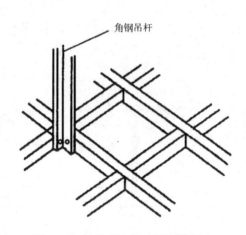

图4-10　角钢吊杆与木骨架的固定

（3）龙骨架分片间的连接。当两个分片骨架在同一平面对接时，骨架的端头要对正，然后用短木方进行加固，如图4-11所示。对于一些重要部位或有附加荷载的吊顶，骨架分片间的连接加固应选用铁件。对于变标高的叠级吊顶骨架，可以先用一根木方将上下两平面的龙骨架斜拉就位，再将上下平面的龙骨用垂直的木方条连接固定，如图4-12所示。

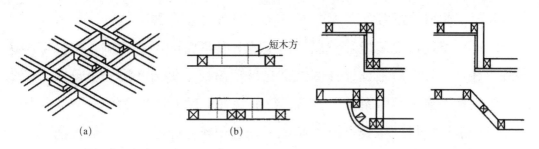

(a)　　　　　(b)

图 4-11　分片龙骨架的连接　　　　图 4-12　木骨架叠级构造
(a) 木方固定在龙骨侧面；(b) 短木方固定在龙骨上面

6. 吊顶骨架的整体调整

各分片木龙骨架连接固定后，在整个吊顶面的下面拉十字交叉线，以检查吊顶龙骨架的整体平整度。吊顶龙骨架如有不平整，则应再调整吊杆与龙骨架的距离。

对于一些面积较大的木骨架吊顶，为有利于平衡饰面的重力以及减少视觉上的下坠感，通常需要起拱。一般情况下，吊顶面的起拱高度尺寸略大于房间短向跨度的 1/200。

7. 板材处理

（1）板材表面弹线。板面需要弹设的线主要是钉位线，按照吊顶龙骨的分格情况，以骨架中心线尺寸，在胶合板正面弹出钉位线，以保证板材安装时缝隙顺直，同时能将面板准确地固定在木龙骨上。

（2）板块切割。如果设计要求胶合板分格分块铺钉，就按设计尺寸切割胶合板。方形板块应注意找方，保证四角为直角；当设计要求钻孔并形成图案时，应先做样板，再按样板制作。

（3）修边倒角。在胶合板块正面四周，用手工细刨或电动刨刨出 45°倒角，宽度 2 ~ 3mm，以利于通过嵌缝处理，使板缝严密并减小以后的缝隙变形。

（4）防火处理。对有防火要求的木龙骨吊顶，其面板在以上工序完毕后应进行防火处理。通常做法是在面板的反面涂刷或喷涂 3 遍防火涂料，晾干备用。

8. 铺钉胶合板

（1）板材预排。在铺钉板材前需要预先对板材进行排列布置，将整板居中铺大面，非整块板布置在周边上，以使饰面效果美观。

（2）预留设备安装位置。在吊顶上的各种设备的预留孔洞，例如空调送风口、灯具口等，应根据设计图纸，在吊顶面板上提前开出。也可以将设备的洞口位置提前在吊顶面板上画出，待板材就位后再将其开出。

（3）铺钉板材。将胶合板正面朝下托起至预定位置，然后从板面中间向四周开始铺钉。铺钉采用 25 ~ 35mm 长的圆钉，提前将钉帽打扁。钉位根据预先弹好的线确定，钉距 80 ~ 150mm，钉帽进入板面 0.5 ~ 1.0mm。也可以使用电动或气动打钉枪来固定胶合板，枪钉长度为 15 ~ 20mm。

9. 木龙骨吊顶的节点处理

木龙骨吊顶的节点包括吊顶与灯具的连接、吊顶与灯槽的连接、吊顶与窗帘盒的连接，如图 4-13 所示。

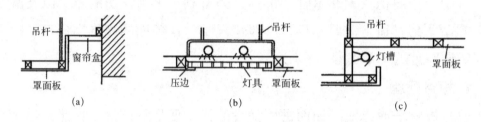

图 4-13　木龙骨吊顶的节点构造
(a) 木吊顶与窗帘盒的连接；(b) 木吊顶与灯具的连接；(c) 木吊顶与灯槽的连接

10. 钉眼处理

如果使用打钉枪打钉时，由于其钉帽可以直接打入板面所以无需再处理钉眼。如果用普通圆钉钉板，则钉眼需要用油性腻子抹平。

【知识拓展】

4.2.3　吊顶装饰工程的质量标准及验收

吊顶工程从材料到施工应严格按照国家标准、行业标准的规定，工程质量满足以下验收规范的要求。

4.2.3.1　一般规定

用于整体面层吊顶、板块面层吊顶和格栅吊顶等分项工程的质量验收的一般规定。

(1) 吊顶工程验收时应检查下列文件和记录:

◆ 吊顶工程的施工图、设计说明及其他设计文件;

◆ 材料的产品合格证书、性能检测报告、进场验收记录和复验报告;

◆ 隐蔽工程验收记录;

◆ 施工记录。

(2) 吊顶工程应对人造木板的甲醛含量进行复验。

(3) 吊顶工程应对下列隐蔽工程项目进行验收:

◆ 吊顶内管道、设备的安装及水管试压;

◆ 木龙骨防火、防腐处理;

◆ 预埋件或拉结筋;

◆ 吊杆安装;

◆ 龙骨安装;

◆ 填充材料的设置。

为了既保证吊顶工程的使用安全,又做到竣工验收时不破坏饰面,吊顶工程的隐蔽工程验收非常重要,以上所列各款均应提供由监理工程师签名的隐蔽工程验收记录。

(4) 各分项工程的检验批应按下列规定划分:同一品种的吊顶工程每 50 间 (大面积房间和走廊按吊顶面积 30m² 为一间) 应划分为 1 个检验批,不足 50 间也应划分为 1 个检验批。

(5) 检查数量:每个检验批应至少抽查 10%,并不得少于 3 间;不足 3 间时应全数检查。

(6) 安装龙骨前,应按设计要求对房间净高、洞口标高和吊顶内管道、设备及其支架的标高进行交接检验。

(7) 吊顶工程的木吊杆、木龙骨和木饰面板必须进行防火处理,并应符合有关防火设计规范的规定。

(8) 吊顶工程中的预埋件、钢筋吊杆和型钢吊杆应进行防锈处理。

(9) 安装饰面板前应完成吊顶内管道和设备的调试及验收。

(10) 吊杆距主龙骨端部距离不得大于 300mm,当大于 300mm 时,应增加吊杆。当吊杆长度大于 1500mm 时，应设置反支撑。当吊杆与设备相遇时，应调整并增设吊杆。

（11）重型灯具、电扇及其他重型设备严禁安装在吊顶工程的龙骨上。

4.2.3.2 整体面层吊顶工程质量验收

整体面层吊顶是指面层材料接缝不外露的吊顶。整体面层吊顶包括以轻钢龙骨、铝合金龙骨和木龙骨等为骨架，以石膏板、水泥纤维板和木板等为整体面层的吊顶。

1. 主控项目

（1）吊顶标高、尺寸、起拱和造型应符合设计要求。

检验方法：观察；尺量检查。

（2）面层材料的材质、品种、规格、图案、颜色和性能应符合设计要求及国家现行标准的有关规定。

检验方法：观察；检查产品合格证书、性能检验报告、进场验收记录和复验报告。

（3）整体面层吊顶工程的吊杆、龙骨和面板的安装应牢固。

检验方法：观察；手扳检查；检查隐蔽工程验收记录和施工记录。

（4）吊杆和龙骨的材质、规格、安装间距及连接方式应符合设计要求。金属吊杆和龙骨应经过表面防腐处理；木龙骨应进行防腐、防火处理。

检验方法：观察；尺量检查；检查产品合格证书、性能检验报告、进场验收记录和隐蔽工程验收记录。

（5）石膏板、水泥纤维板的接缝应按其施工工艺标准进行板缝防裂处理。安装双层板时，面层板与基层板的接缝应错开，并不得在同一根龙骨上接缝。

检验方法：观察。

2. 一般项目

（1）面层材料表面应洁净、色泽一致，不得有翘曲、裂缝及缺损。压条应平直、宽窄一致。

检验方法：观察；尺量检查。

（2）面板上的灯具、烟感器、喷淋头、风口箅子和检修口等设备设施的位置应合理、美观，与面板的交接应吻合、严密。

检验方法：观察。

（3）金属龙骨的接缝应均匀一致，角缝应吻合，表面应平整，应无翘曲和锤印。木质龙骨应顺直，应无劈裂和变形。

检验方法：检查隐蔽工程验收记录和施工记录。

（4）吊顶内填充吸声材料的品种和铺设厚度应符合设计要求，并应有防散落措施。

检验方法：检查隐蔽工程验收记录和施工记录。

（5）整体面层吊顶工程安装的允许偏差和检验方法应符合表 4-2 的规定。

整体面层吊顶工程安装的允许偏差和检验方法　　　　表 4-2

项次	项目	允许偏差（mm）	检验方法
1	表面平整度	3	用 2m 靠尺和塞尺检查
2	缝格、凹槽直线度	3	拉 5m 线，不足 5m 拉通线，用钢直尺检查

4.2.3.3　板块面层吊顶工程质量验收

板块面层吊顶是指面层材料接缝外露的吊顶。板块面层吊顶包括以轻钢龙骨、铝合金龙骨和木龙骨等为骨架，以石膏板、金属板、矿棉板、木板、塑料板、玻璃板和复合板等为板块面层的吊顶。

1. 主控项目

（1）吊顶标高、尺寸、起拱和造型应符合设计要求。

检验方法：观察；尺量检查。

（2）面层材料的材质、品种、规格、图案、颜色和性能应符合设计要求及国家现行标准的有关规定。当面层材料为玻璃板时，应使用安全玻璃并采取可靠的安全措施。

检验方法：观察；检查产品合格证书、性能检验报告、进场验收记录和复验报告。

（3）面板的安装应稳固严密。面板与龙骨的搭接宽度应大于龙骨受力面宽度的 2/3。

检验方法：观察；手扳检查；尺量检查。

（4）吊杆和龙骨的材质、规格、安装间距及连接方式应符合设计要求。金属吊杆和龙骨应进行表面防腐处理；木龙骨应进行防腐、防火处理。

检验方法：观察；尺量检查；检查产品合格证书、性能检验报告、进场验收记录和隐蔽工程验收记录。

（5）板块面层吊顶工程的吊杆和龙骨安装应牢固。

检验方法：手扳检查；检查隐蔽工程验收记录和施工记录。

2. 一般项目

（1）面层材料表面应洁净、色泽一致，不得有翘曲、裂缝及缺损。面板与龙骨的搭接应平整、吻合，压条应平直、宽窄一致。

检验方法：观察；尺量检查。

（2）面板上的灯具、烟感器、喷淋头、风口算子和检修口等设备设施的位置应合理、美观，与面板的交接应吻合、严密。

检验方法：观察。

（3）金属龙骨的接缝应平整、吻合、颜色一致，不得有划伤和擦伤等表面缺陷。木质龙骨应平整、顺直，应无劈裂。

检验方法：观察。

（4）吊顶内填充吸声材料的品种和铺设厚度应符合设计要求，并应有防散落措施。

检验方法：检查隐蔽工程验收记录和施工记录。

（5）板块面层吊顶工程安装的允许偏差和检验方法应符合表4-3的规定。

板块面层吊顶工程安装的允许偏差和检验方法 表4-3

项次	项目	允许偏差（mm）				检验方法
		石膏板	金属板	矿棉板	木板、塑料板、玻璃板、复合板	
1	表面平整度	3	2	3	2	用2m靠尺和塞尺检查
2	接缝直线度	3	2	3	3	拉5m线，不足5m拉通线，用钢直尺检查
3	接缝高低差	1	1	2	1	用钢直尺和塞尺检查

4.2.3.4 格栅吊顶工程质量验收

格栅吊顶是指由条状或点状等材料不连续安装的吊顶。格栅吊顶包括以轻钢龙骨、铝合金龙骨和木龙骨等为骨架,以金属、木材、塑料和复合材料等为格栅面层的吊顶。

1. 主控项目

(1) 吊顶标高、尺寸、起拱和造型应符合设计要求。

检验方法:观察;尺量检查。

(2) 格栅的材质、品种、规格、图案、颜色和性能应符合设计要求及国家现行标准的有关规定。

检验方法:观察;检查产品合格证书、性能检验报告、进场验收记录和复验报告。

(3) 吊杆和龙骨的材质、规格、安装间距及连接方式应符合设计要求。金属吊杆和龙骨应进行表面防腐处理;木龙骨应进行防腐、防火处理。

检验方法:观察1尺量检查,检查产品合格证书、性能检验报告、进场验收记录和隐蔽工程验收记录。

(4) 格栅吊顶工程的吊杆、龙骨和格栅的安装应牢固。

检验方法:观察;手扳检查;检查隐蔽工程验收记录和施工记录。

2. 一般项目

(1) 格栅表面应洁净、色泽一致,不得有翘曲、裂缝及缺损。栅条角度应一致,边缘应整齐,接口应无错位。压条应平直、宽窄一致。

检验方法:观察;尺量检查。

(2) 吊顶的灯具、烟感器、喷淋头、风口算子和检修口等设备设施的位置应合理、美观,与格栅的套割交接处应吻合、严密。

检验方法:观察。

(3) 金属龙骨的接缝应平整、吻合、颜色一致,不得有划伤和擦伤等表面缺陷。木质龙骨应平整、顺直,应无劈裂。

检验方法:观察。

(4) 吊顶内填充吸声材料的品种和铺设厚度应符合设计要求,并应有防散落措施。

检验方法：观察；检查隐蔽工程验收记录和施工记录。

（5）格栅吊顶内楼板、管线设备等表面处理应符合设计要求，吊顶内各种设备管线布置应合理、美观。

检验方法：观察。

（6）格栅吊顶工程安装的允许偏差和检验方法应符合表 4-4 的规定。

格栅吊顶工程安装的允许偏差和检验方法　　　　　　　表 4-4

项次	项目	允许偏差（mm）		检验方法
		金属格栅	木格栅、塑料格栅、复合材料格栅	
1	表面平整度	2	3	用 2m 靠尺和塞尺检查
2	格栅直线度	2	3	拉 5m 线，不足 5m 拉通线，用钢直尺检查

【知识拓展】

4.2.4　木龙骨吊顶的常见质量问题及安装注意事项

4.2.4.1　木龙骨吊顶常见质量问题

（1）吊顶表面目测不平或面层板下垂。

防治措施：①大木龙骨应用平刨刨平，保持顺直。小龙骨应先用平刨刨顺，然后用压刨压规整，以防止整体木龙骨产生波浪式不平现象。②分格木吊顶，当饰面五合板的边长在 40cm 以上时，中间要加 1 根 2.5cm×4cm 的小龙骨，以防下垂。

（2）接缝不均匀；靠墙处接缝板边不直；木吊顶与抹灰墙接触处开裂。

防治措施：①木材应干燥，含水率不得超过 10%，以防木材收缩时造成吊顶不平或导致靠墙边抹灰面开裂。②做顶棚前应先进行墙面抹灰，待墙面干燥后再安装木吊顶，以防木材收缩、翘曲。如先安装木龙骨后抹灰，设计要考虑顶棚与墙面接触处加木压条等。

（3）饰面板明露钉帽生锈。

防治措施：为防止钉饰面板钉眼过大，钉帽要打扁一些，顺木纹钉入，最好用铁冲子冲入，并用腻子补过。如用螺钉装石膏饰面板，应在钉帽处点上防锈漆后再嵌腻子。

4.2.4.2　安装注意事项

（1）在铺钉胶合板时，严禁明火作业。

（2）顶棚四周应钉压缝条，以避免面层板与墙面交接处形成的缝隙不均匀、不顺直，影响装饰效果。

（3）胶合板面如果涂刷清漆时，相邻板面的木纹和颜色应该相近。

【能力测试】

1. 吊顶是由_____、_____、_____三个部分构成。

2. 简述木龙骨吊顶的施工工艺。

【实践活动】

1. 参观施工中（或施工完成）的吊顶工程，对照技术规范要求，认知吊顶的组成构件的名称、作用、安装要求，并判断其是否符合要求。

2. 以 4 ~ 6 人为 1 个小组，在学校实训基地进行木龙骨吊顶施工实训。

【活动评价】

学生自评 (20%)	规范选用	正确□	错误□
	木龙骨吊顶施工	合格□	不合格□
小组互评 (40%)	木龙骨吊顶施工	合格□	不合格□
	工作认真努力，团队协作	很好□	较好□
		一般□	还需努力□
教师评价 (40%)	木龙骨吊顶施工完成效果	优□	良□
		中□	差□

项目4.3　轻钢龙骨纸面石膏板吊顶工程施工

【项目描述】

轻钢龙骨吊顶是以轻钢龙骨作为吊顶的基本骨架，以轻型装饰板材作为饰面层的吊顶体系，常用的饰面板有纸面石膏板、矿棉装饰吸声板、装饰石膏板等。轻钢龙骨吊顶质轻、高强、拆装方便、防火性能好，广泛用于大型公共建筑及商业建筑的吊顶。

本节以U形轻钢龙骨纸面石膏板吊顶为例，介绍轻钢龙骨吊顶的安装。U形轻钢龙骨属于固定式吊顶。T形轻钢龙骨的安装方法与铝合金龙骨的安装方法相同，所以并入到铝合金龙骨安装方法。

【学习支持】

轻钢龙骨吊顶工程相关规范

（1）《建筑工程施工质量验收统一标准》GB 50300－2013

（2）《建筑装饰装修工程质量验收标准》GB 50210－2018

（3）《住宅装饰装修工程施工规范》GB 50327－2001

（4）《住宅室内装饰装修工程质量验收规范》JGJ/T 304－2013

【任务实施】

4.3.1　施工准备

（1）绘制组装平面图。根据施工房间的平面尺寸和饰面板材的种类、规格，按设计要求合理布局，排列出各种龙骨的位置，绘制出组装平面图。

（2）检查结构及设备施工情况。复核结构尺寸是否与设计图纸相符，设备管道是否安装完毕。

（3）备料。以组装平面图为依据，统计并提出各种龙骨、吊杆、吊挂件及其他各种配件的数量。

轻钢龙骨是用薄壁镀铸钢带、冷轧钢带或彩色喷塑钢带经机械压制而成，其钢带厚度为0.5～1.5mm。其具有自重轻、刚度大、防火性能好、安装简便等优点，便于装配化施工。

　　轻钢龙骨按照龙骨的断面形状可以分为 U 形和 T 形。U 形轻钢龙骨架是由主龙骨、次龙骨、横撑龙骨、边龙骨和各种配件组装而成。 U 形轻钢龙骨按照主龙骨的规格分为 U38、U50、U60 三个系列。

　　U38 系列：适于不上人吊顶。

　　U50 系列：用于上人吊顶，主龙骨可以承受 80kg 的检修荷载。

　　U60 系列：用于上人吊顶，主龙骨可以承受 100kg 的检修荷载，参见表 4-5。

U60 系列龙骨及其配件（mm）　　　　　　　　　　表 4-5

名称	主件	配件		
	龙骨	吊挂件	接插件	挂插件
主龙骨				
次龙骨				
小龙骨				

　　U 形轻钢龙骨吊顶的构造如图 4-14 所示。

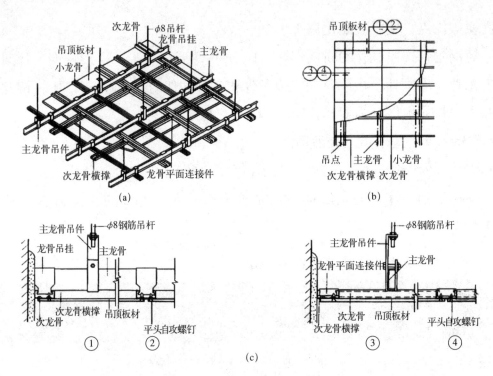

图 4-14　U 形轻钢龙骨吊顶的构造图

(a) 俯视图；(b) 平面图；(c) 节点详图

4.3.2　施工工艺

放线→固定边龙骨→安装吊杆→安装主龙骨并调平→安装次龙骨→安装横撑龙骨→安装饰面板

轻钢龙骨石膏板吊顶

4.3.3　施工要点

1. 放线

放线包括吊顶标高线、造型位置线、吊点位置线等，其中吊顶标高线和造型位置线的确定方法与木龙骨吊顶相同。

吊点的间距要根据龙骨的断面以及使用的荷载综合决定。龙骨断面大、刚性好，吊点间距可以大一些，反之则小些。一般上人的主龙骨中距不应大于 1200mm，吊点距离为 900 ～ 1200mm；不上人的主龙骨中距为 1200mm 左右，吊点距离 1000 ～ 1500mm。在主龙骨端部和接长部位要增设吊点。吊点距主龙骨端部应不大于 300mm，以免主龙骨下坠。一些大面积的吊顶（比如舞厅、音乐厅等），龙骨和吊点的间距应进行单独设计和计算。对有叠级造型的吊顶应在不同平面的交界处布置吊点。特大灯具也应设吊点。

2. 固定边龙骨

边龙骨采用 U 形轻钢龙骨的次龙骨，用间距 900 ～ 1000mm 的射钉固定在墙面上，边龙骨底面与吊顶标高线齐平。

3. 安装吊杆

（1）上人吊顶：采用射钉或膨胀螺栓固定角钢块，吊杆与角钢焊接。吊杆与角钢都需要涂刷防锈漆，如图 4-15 所示。

（2）不上人吊顶：直接在接板底部安装 1 种尾部带孔的膨胀螺栓，将与其配套的镀铸螺纹吊杆与之拧紧即可；也可采用尾部带孔的射钉，将吊杆穿过射钉尾部的孔，或者采用射钉、膨胀螺栓将角钢固定在楼板上，角钢的另一边穿孔，将吊杆穿过该孔进行固定，如图 4-16 所示 。

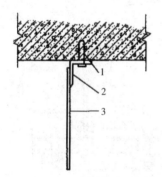

图 4-15 上人吊顶吊杆的固定
1—射钉（膨胀螺栓）；2—角钢；3—吊杆

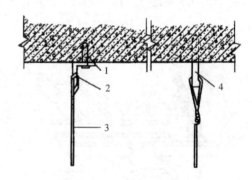

图 4-16 不上人吊顶吊杆的固定
1—射钉（膨胀螺栓）；2—角钢；3—吊杆；4—带孔射钉

4. 安装主龙骨并调平

主龙骨的安装是用主龙骨吊挂件将主龙骨连接在吊杆上（图 4-17），拧紧螺丝卡牢，然后以 1 个房间为单位将主龙骨调平。

调平的方法是采用 60mm×60mm 的木方按主龙骨间距钉圆钉，将龙骨卡住做临时固定，按十字和对角拉线，拧动吊杆上的螺母进行升降调整。调平时需注意，主龙骨的中间部分应略有起拱，起拱高度略大于房间短向跨度的 1/200。

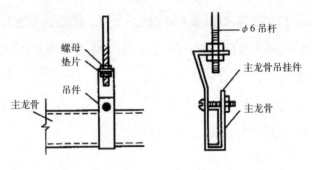

图 4-17   主龙骨连接

5. 安装次龙骨

次龙骨应紧贴主龙骨垂直安装，一般应按板的尺寸在主龙骨的底部弹线，用挂件固定，挂件上端搭在主龙骨上，挂件 U 形腿用钳子卧入主龙骨内，如图 4-18 所示。为防止主龙骨向一边倾斜，吊挂件的安装方向应交错进行。

次龙骨的间距由饰面板规格而定，要求饰面板端部必须落在次龙骨上，一般情况采用的间距是 400mm，最大间距不得超过 600mm。

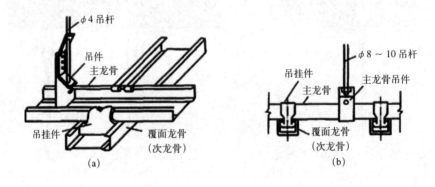

图 4-18   次龙骨与主龙骨的连接

（a）不上人吊顶吊杆与主次龙骨的连接；（b）上人吊顶吊杆与主次龙骨的连接

6. 安装横撑龙骨

横撑龙骨一般由次龙骨截取。安装时将截取的次龙骨端头插入挂插件，垂直于次龙骨扣在次龙骨上，并用钳子将挂搭弯入次龙骨内。组装好后，次龙骨和横撑龙骨底面（即饰面板背面）要齐平。横撑龙骨的间距根据饰面板的规格尺寸而定，要求饰面板端部必须落在横撑龙骨上，一般情况下间距为 600mm。

7. 纸面石膏板的安装

普通纸面石膏板大多数情况下是 U 形轻钢龙骨吊顶的饰面板。在安装饰面板之前要先复核轻钢龙骨架底面是否平整，如果不平整需要调平。

纸面石膏板的饰面构造如图 4-19 所示。

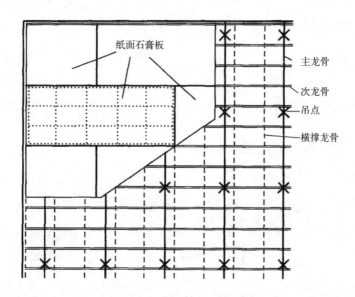

图 4-19　纸面石膏板的铺设示意

纸面石膏板安装操作要点：

（1）板材应在自由状态下就位固定。

（2）纸面石膏板的长边（即包封边）应沿次龙骨铺设。

（3）纸面石膏板用自攻螺钉（$\phi 3.5mm \times 25mm$）固定在轻钢龙骨架的次龙骨和横撑龙骨上。钉距为 150 ～ 170 mm，螺钉应与板面垂直。如出现弯曲、变形的自攻螺钉，应剔除，并在相隔 50mm 的部位另增设钉固点。自攻螺钉与纸面石膏板边的距离：板材包封边为 10 ～ 15mm，切割边为 15 ～ 20mm。

（4）安装双层石膏板时，面层板与基层板的接缝应错开，不得在同一根龙骨上接缝，接缝至少错开 300mm。

（5）铺钉纸面石膏板时，应从每块板的中间向板的四边顺序固定，不得多点同时作业。

（6）钉眼处理：自攻螺钉头应埋入板面 0.5 ～ 1mm，但不能使板材纸面破损；钉眼涂刷防锈漆，并用石膏腻子抹平。

（7）板缝处理：先将石膏腻子均匀地嵌入板缝，并且在板缝外刮涂宽约 60mm、厚 1mm 的腻子，随即贴上穿孔纸带或玻璃纤维网格带，用刮刀顺穿孔纸带的方向刮压，将多余腻子挤出并刮平、刮实，不可以留有气泡，再在板缝表面刮 1 遍约 150mm 宽的腻子。

【知识拓展】

4.3.4　轻钢龙骨吊顶的常见质量问题及安装注意事项

1. 轻钢龙骨吊顶常见质量问题

（1）吊顶不平整

轻钢龙骨吊顶工程容易出现的主要问题就是吊顶的不平整，主要原因是轻钢龙骨的大龙骨在安装的时候不处于水平的位置，调整的不够到位。轻钢龙骨施工的过程中应特别注意连接点的紧密程度，检查轻钢龙骨的安装位置是否满足设计要求。

（2）轻钢龙骨的骨架悬挂不够牢固

其原因是轻钢龙骨不同部件连接处的螺丝没有拧紧，轻钢龙骨的骨架应该悬挂在吊顶工程的主体结构上，其他的设备部件不应该悬挂在轻钢龙骨的主体结构上。

2. 安装注意事项

（1）吊顶施工前，顶棚内所有管线，如空调管道、消防管道、供水管道等必须全部安装就位并基本调试完毕。

（2）各种连接件与龙骨的连接应紧密，不允许有过大的缝隙和松动现象。上人龙骨安装后其刚度应符合设计要求。

（3）龙骨在安装时应留好空调口、灯具等电气设备的位置和尺寸。

（4）龙骨接长的接头应错位安装，相邻三排龙骨的接头不应接在同一直线上。

（5）吊筋、膨胀螺栓应做防锈处理。

（6）顶棚内的轻型灯具可吊装在主龙骨或附加龙骨上，重型灯具或电扇不得与吊顶龙骨连接，而应与结构层相连。

（7）空气湿度对纸面石膏板的膨胀和收缩影响比较大，为了保证装修质量，在湿度特大的环境下一般不宜嵌缝。

【能力测试】

轻钢龙骨吊顶安装时应注意哪些事项？

【实践活动】

1. 参观施工中（或施工完成）的轻钢龙骨吊顶工程，对照技术规范要求，认知轻钢龙骨吊顶的组成构件的名称、作用、安装要求，并判断其是否符合要求。

2. 以 4 ～ 6 人为 1 个小组，在学校实训基地进行轻钢龙骨吊顶施工实训。

【活动评价】

学生自评 （20%）	规范选用	正确□	错误□
	轻钢龙骨吊顶施工	合格□	不合格□
小组互评 （40%）	轻钢龙骨吊顶施工	合格□	不合格□
	工作认真努力，团队协作	很好□	较好□
		一般□	还需努力□
教师评价 （40%）	轻钢龙骨吊顶施工完成效果	优□	良□
		中□	差□

项目 4.4　铝合金龙骨矿棉装饰吸声板吊顶工程施工

【项目描述】

铝合金龙骨吊顶属于轻型活动式吊顶，其饰面板用搁置、卡接、粘接等方法固定在铝合金龙骨上。外观装饰效果好，具有良好的防火性能，在大型公共建筑室内吊顶应用较多。

铝合金龙骨一般为 T 形型材，矿棉装饰吸声板一般作为 T 形轻钢龙骨和铝合金龙骨轻型吊顶的饰面板。

【学习支持】

铝合金龙骨吊顶工程相关规范

（1）《建筑工程施工质量验收统一标准》GB 50300–2013

（2）《建筑装饰装修工程质量验收标准》GB 50210–2018

（3）《住宅装饰装修工程施工规范》GB 50327–2001

（4）《住宅室内装饰装修工程质量验收规范》JGJ/T 304–2013

【任务实施】

4.4.1 铝合金龙骨吊顶的构造

铝合金龙骨吊顶的构造主要有两种形式：

（1）由 U 形轻钢龙骨作为主龙骨与 T 形铝合金龙骨组成的龙骨架，它可以承受附加荷载，如图 4-20 所示。

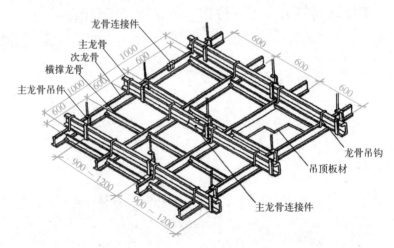

图 4–20 以 U 形轻钢龙骨为主龙骨的铝合金龙骨构造示意（mm）

（2）T 形铝合金龙骨组装的轻型吊顶龙骨架，如图 4-21 所示。

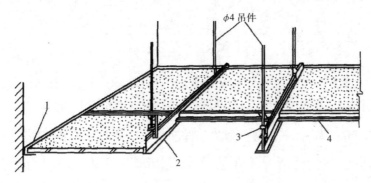

图 4-21　T形铝合金龙骨构造示意（mm）

1—边龙骨；2—次龙骨；3—T形吊挂件；4—横撑龙骨

4.4.2　施工准备

（1）根据设计要求提前备料，材料各项指标均符合要求。

铝合金龙骨一般常用T形型材（图4-22），其表面经阳极氧化或氟碳漆喷涂处理后，有较好的装饰效果和耐腐蚀性能，而且它还具有自重轻、加工方便、安装简单等优点。根据罩面板安装方式的不同，分为龙骨底面外露和不外露两种。

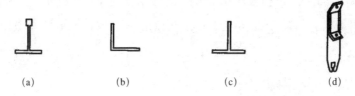

图 4-22　T形铝合金龙骨示意

（a）次龙骨；（b）边龙骨；（c）横撑龙骨；（d）不上人吊挂件

（2）根据选用的罩面板规格尺寸，灯具口及其他设施（如空调口、烟感器、自动喷淋头及上人孔等）位置等情况，绘制吊顶施工平面布置图。一般应以顶棚中心线为准，将罩面板对称排列。

（3）吊顶以上所有水、电、空调等安装工程应已安装并调试完毕。

4.4.3　工艺流程

放线→安装边龙骨→固定吊杆→安装主龙骨并调平→安装次龙骨与横撑龙骨

4.4.4 施工要点

1. 放线

确定龙骨的标高线和吊点位置线。其标高线的弹设方法与木龙骨的标高线弹设方法相同，其水平偏差不允许超过 ±5mm。吊点的位置根据吊顶的平面布置图来确定，一般情况下吊点距离为 900 ～ 1200mm，注意吊杆距主龙骨端部的距离不得超过 300mm，否则应增设吊杆。

2. 安装边龙骨

铝合金龙骨的边龙骨为 L 形，沿墙面或柱面四周弹设的水平标高线固定，边龙骨的底面要与标高线齐平，采用射钉或水泥钉固定，间距 900 ～ 1000mm。

3. 固定吊杆

吊杆要根据吊顶的龙骨架是否上人来选择固定方式，其固定方法与 U 形轻钢龙骨的吊杆固定方法相同。

4. 安装主龙骨并调平

主龙骨采用相应的主龙骨吊挂件与吊杆固定，其固定方法和调平方法与 U 形轻钢龙骨相同。主龙骨的间距为 1000mm 左右。如果是不上人吊顶，该步骤可以省略。

5. 安装次龙骨与横撑龙骨

如果是上人吊顶，采用专门配套的铝合金龙骨的次龙骨吊挂件，上端挂在主龙骨上，挂件腿卧入 T 形次龙骨的相应孔内。

横撑龙骨与次龙骨的固定方法比较简单，横撑龙骨的端部都带有相配套的连接耳，可以直接插接在次龙骨的相应孔内。要注意检查其分格尺寸是否正确，交角是否方正，纵横龙骨交接处是否平齐。次龙骨与横撑龙骨的间距要根据吊顶饰面板的规格确定。

6. 矿棉装饰吸声板的安装

矿棉装饰吸声板的安装方法有粘接安装法、搁置平放法、嵌装式安装法等。

（1）粘接安装法：主要是指将矿棉板粘贴在纸面石膏板吊顶表面，可适应有附加荷载要求的上人吊顶构造，同时还能增强吊顶的吸声和装饰功能。

◆ 复合平贴安装：当吊顶轻钢龙骨及纸面石膏板罩面施工完毕，将矿棉板背面用双面胶带，与石膏板粘贴，再使用专用涂料钉与石膏板固定，也可以采用胶粘剂与纸面石膏板粘贴固定。

◆ 复合插贴安装：一般采用企口棱边的矿棉板做插接。轻钢龙骨纸面石膏板吊顶安装后，将矿棉装饰吸声板背面粘贴双面胶带，与石膏板表面临时固定，再用打钉器将 U 形钉钉在矿棉板的开榫处与石膏板面固定。

（2）搁置平放法：是指直接将矿棉板搁置在由 T 形纵横龙骨组成的网格内。这种安装方法是轻型吊顶中最普遍的方法，其构造简单，拆装容易，吊顶龙骨底面外露，形成纵横网格，可与灯饰造型相配合，如图 4-23 所示。

（3）嵌装式安装法：此种安装方法是由饰面板的构造所决定的，板材四周带有企口，有的四边加厚，安装时，T 形龙骨的两条边直接插入饰面板企口内，吊顶表面不露龙骨，如图 4-24 所示。

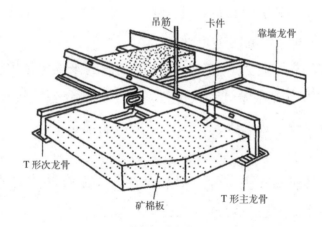

图 4-23 装饰吸声板搁置平放安装

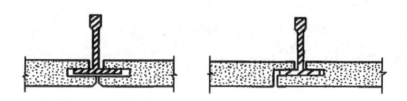

图 4-24 矿棉企口装饰吸声板嵌装式安装

7. 节点的处理

（1）与墙柱边部的连接处理：一般在墙柱安装 L 形边龙骨，将罩面板搁在 L 形龙骨上。

（2）灯具、各种孔口等设施的安装：灯具、送风口、上人孔、窗帘盒等设施的安装，一般来说较大设施（如大灯槽、上人孔等）安装在 1 个标准框格或数个相连框格内；较小设施（如送风口、烟感器及喷淋头等）应按照其大小尽量布置在罩面板中心，另加框边或托盘与龙骨连接固定，四边加铝合金或不锈钢镶边封口。窗帘盒安装应设单独支撑，与顶棚只是面层连接。所有部件总的安装原则是安装要牢固，与罩面板接触处要吻合。

【知识拓展】

4.4.5　铝合金龙骨吊顶的常见质量问题及安装注意事项

1. 铝合金龙骨吊顶常见质量问题

吊顶造型不对称，罩面板布局不合理。

原因分析：①未在房间四周拉十字中心线；②未按设计要求布置主龙骨和次龙骨；③铺安罩面板流向不正确。

防治措施：①按吊顶设计标高，在房间四周的水平线位置拉十字中心线；②严格按设计要求布置主龙骨和次龙骨；③中间部分先铺整块罩面板，余量应平均分配在四周最外边一块或不被注意的次要部位。

2. 安装注意事项

（1）轻型灯具应吊在主龙骨或附加龙骨上，重型灯具或其他重型吊挂物不得与吊顶龙骨连接，应另设悬吊构造。

（2）安装时，吸声板上不得放置其他材料，防止板材受压变形。

（3）采用搁置法安装时，应留有板材安装缝，每边缝隙不宜大于 1mm。

（4）矿棉装饰吸声板在运输、存放和安装过程中，严禁雨淋受潮，在搬动码放时必须轻拿轻放，以免破损。

【能力测试】

矿棉装饰吸声板有哪几种安装方法？如何进行安装？

【实践活动】

1. 参观施工中（或施工完成）的铝合金龙骨吊顶工程，对照技术规范要求，认知铝合金龙骨吊顶组成构件的名称、作用、安装要求，并判断其是否符合要求。

2. 以 4 ~ 6 人为 1 个小组，在学校实训基地进行铝合金龙骨吊顶施工实训。

【活动评价】

学生自评 （20%）	规范选用	正确□	错误□
	铝合金龙骨吊顶施工	合格□	不合格□
小组互评 （40%）	铝合金龙骨吊顶施工	合格□	不合格□
	工作认真努力，团队协作	很好□	较好□
		一般□	还需努力□
教师评价 （40%）	铝合金龙骨吊顶施工完成效果	优□	良□
		中□	差□

模块 5
门窗工程施工

【模块概述】

本模块包括3个项目：木门窗安装工程施工、铝合金门窗安装工程施工和塑料门窗安装工程施工。通过本模块的学习，使学生认知木、铝、塑等门窗的构造组成，掌握施工方法，强化和规范制作安装过程中操作工人的技能水平，把质量验收标准落实到安装过程中的每个环节，最终保证工程质量。

【学习目标】

通过本模块的学习，你将能够：

1. 认知木、铝、塑等门窗的构造组成；

2. 了解门窗的制作过程和质量控制重点；

3. 熟悉门窗的安装顺序和过程质量；

4. 掌握门窗的质量要求及检验方法。

项目 5.1　木门窗安装工程施工

【项目描述】

木门窗是我国建筑中最古老最传统的装饰配件，尽管新型的装饰材料层出不穷，但木材的独特质感，自然的花纹，特殊的性能是其他任何材料无法代替的。

【学习支持】

5.1.1　木门窗安装相关知识

5.1.1.1　木门窗安装相关规范

(1)《木结构工程施工质量验收规范》GB 50206–2012

(2)《住宅装饰装修工程施工规范》GB 50327–2001

(3)《建筑装饰装修工程质量验收标准》GB 50210–2018

5.1.1.2　木门窗的分类

1. 木门的分类

(1) 木门按开启方式的不同可分为 4 种，即：平开门、弹簧门、推拉门、折叠门，如图 5-1 所示。

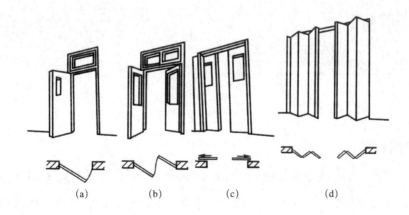

图 5-1　木门的分类（按开启方式）
(a) 平开门；(b) 弹簧门；(c) 推拉门；(d) 折叠门

◆ 平开门：即水平开启的门。其合页安装在门的侧边，有单扇和双扇、向内开和向外开之分，平开门的构造较为简单，制作安装和维修较方便，是我国使用最为广泛的门之一。

◆ 弹簧门：弹簧门的形式同平开门，但侧面用弹簧合页连接，开启后自动关闭，弹簧门的构造安装和维修比平开门复杂，多用于人流出入频繁或需自动关闭的场所。

◆ 推拉门：推拉门又称拉门，在门框上下安装轨道，门在轨道内左右滑行，推拉门有单扇或双扇，可将门拉开后藏在夹墙里，也可贴在墙的外侧，推拉门的构造较复杂，一般用于联系门，在人流众多的地方还可以采用光感装置或触感装置，便于推拉门自动开启。

◆ 折叠门：折叠门多为扇形折叠，其传动方式简单，可以平开在门的侧边，用合页相连，一般在折叠的上下方的轨道内安装转动五金件，折叠门一般用于 2 个大空间的临时隔扇。

（2）按材料不同，木门可分为实木门、胶合板门和纤维板门。

2. 木窗

木窗按开启方式不同分为平开窗、推拉窗和悬窗。平开窗既可向内开也可向外开，悬窗可分为上悬窗、下悬窗。窗扇分为玻璃扇和纱扇两种。

5.1.1.3 木门窗的构造组成

木门的构造组成如图 5-2 所示，木窗的构造组成如图 5-3 所示。

【任务实施】

5.1.2 木门窗安装工程施工

5.1.2.1 施工前准备

1. 材料准备

（1）木材。木材的选用应符合设计要求，并符合《木结构工程施工质量验收规范》GB 50206—2012 中的有关规定。对于含水率过大的木材须进行干燥处理，控制其含水率不大于 12%，并按要求刷底漆一道，防止受潮变形。

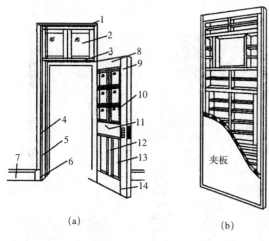

图 5-2　木门构造示意
(a) 木门；(b) 胶合板门扇
1—门樘冒头；2—亮子；3—中贯档；4—贴脸板；5—门樘边框；
6—墩子线；7—踢脚板；8—上冒头；9—门樘；10—玻璃芯子；
11—中冒头；12—中梃；13—门肚板；14—下冒头

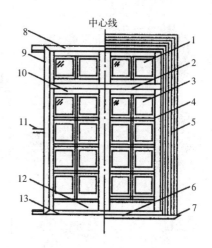

图 5-3　木窗构造示意
1—亮子；2—中贯档；3—玻璃芯子；4—窗框；
5—贴脸板；6—窗台板；7—窗盘线；8—窗樘
上冒头；9—窗樘边框；10—扇上冒头；
11—木砖；12—扇下冒头；13—窗樘下冒头

对于木材中的死节大于 4mm 及其虫眼应用同一种树种的木塞加胶填补，木纹与制品基本保持一致。对于有防腐、防虫、防火要求的木材要按施工规范要求进行处理，一般的方法是刷防腐剂、刷防腐涂料等。

（2）人造合成板的选择

木门扇的面层材料可选用胶合材料的人造板，如胶合板、纤维板、模压板、装饰板等，且板内胶的甲醛释放量应按《室内装饰装修材料　人造板及其制品中甲醛释放限量》GB 18580–2017 中有关规定控制。如中密度纤维板，采用气候箱法，限量值为 $0.124mg/m^2$；采用气体分析法，限量值为 $3.5mg/(m^2 \cdot h)$；采用穿孔法，限量值为 8.0mg/100g。如胶合板、细木工板及装饰单板贴面胶合板，采用干燥器法，限量值为 1.5mg/100g。一般胶合板由供应商供应，供货时应提交检测报告。

（3）玻璃：单块玻璃面积在 $0.5m^2$ 以下，一般采用 2mm 或 3mm 厚玻璃。

（4）木门、窗五金配件如图 5-4 所示。

2. 机具准备

木门窗安装常用工具如图 5-5 所示。

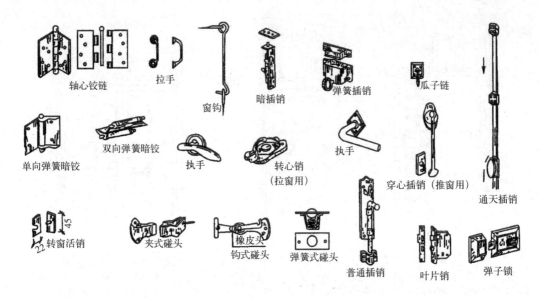

图 5-4　木门窗五金构件图

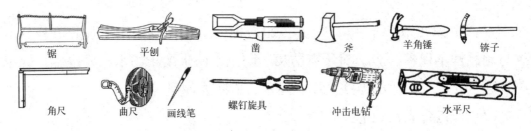

图 5-5　木门窗安装常用工具

5.1.2.2　木门窗的制作

木门窗可在现场制作，也可以在工厂制作。

（1）施工工艺流程：配料→刨料→画线→凿眼→倒角、裁口→开榫→组装。

（2）操作要点

◆　配料。根据图纸要求，计算各部件尺寸和数量，列出配料清单。配料必须加大尺寸。门窗料的断面，如两面刨光，其毛料要比净料加大 4～5mm；如单面刨光，要加大 2～3mm。另外，若门窗框冒头有走头，冒头两端各加长 120mm；若无走头，冒头两端各加长 20mm；若需埋入地坪下时，门框梃应加长 60mm。配料时先配长料后配短料、先配框料后配扇料。

◆　刨料。刨料是木门窗制作的关键工序。刨料前应选择纹理清晰、无节疤的材面作正面，框料选窄面、扇料选宽面为正面；刨料应顺着木纹刨削，以免戗槎，刨平一面后，做好记号再刨其他面，并随时用尺检查平整度和尺寸误差。

◆ 画线。在刨削好的木料上根据门窗构造要求画出榫眼线。孔眼位置应在木料中间。

◆ 凿眼。先凿透眼，后凿半眼，凿透眼时背眼略宽于面眼，以免装榫时挤裂眼口四周。凿好的眼，要求眼口内方正、平直、清洁，不留木渣，以确保榫眼不松动。

◆ 倒角、裁口。倒角和裁口在门窗框上施做。倒角起装饰作用，裁口在门窗扇关闭时起限位作用。倒角、裁口应光滑平直，不能有戗槎、凹凸不平现象。

◆ 开榫。开榫是指依榫的纵向线锯开至榫根部，再将榫头侧面多余的部分断掉而完成榫头形式。榫头的要求是方正、平直，组装时不伤榫眼。

◆ 组装。组装门窗框扇前，应选出各部件的正面在同一面；组装顺序为一侧的边梃、中贯档、上（下）冒头、芯板、另一侧边梃。

5.1.2.3 木门窗框的安装

木框有两种安装方法，即先立口法和后塞口法两种。

1. 先立口法施工

先立口安装方法：当砖墙砌至室内地坪时，将加工合格的门窗框先立在墙体的设计位置上，再砌两侧的墙体。这种安装方法多用于砖结构或砖混结构的主体。立口前应先在地面或砌好的墙面上画好门窗框的中心线，然后按线将门窗框立好，并用线坠和水平尺找直找平，检查框的标高和水平。门窗框的垂直和上下槛的水平校正好后，最后支撑牢固。具体施工方法如图5-6所示。

立框时应注意以下几点：

（1）立框前必须对成品框进行再次检查，经检查合格后才能进行立框，如果发现框有窜角、弯曲、翘扭劈裂和榫头松动等现象须修复后立框。

（2）在墙体砌筑过程中用线坠和水平尺随时检查框的水平和标高是否正

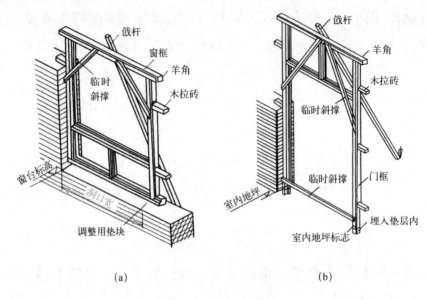

图 5-6　门窗先立口法施工

(a) 窗安装；(b) 门安装

确，如有问题及时纠正。不垂直时，挪动支撑调整；不水平时，可垫木片或砂浆调整。支撑一般在墙身砌筑完成后才能拆除。

（3）砌墙过程中不要碰动支撑，并随时对门窗框进行校正，防止门窗框出现位移、歪斜等现象。

（4）当砌到放木砖的位置时，要校正框与木砖是否重叠、垂直，如不垂直须调整，否则木砖砌入墙内，门窗框立好后，将很难调整。按规定，每边木砖的数量不少于 2 ～ 3 块，木砖间距不大于 1.0m。

（5）同一面墙的木门窗框应安装整齐，应先立两端的门窗框，然后拉一通线，确保框平齐。注意框上下各层应对齐、垂直，各层水平标高一致。

（6）特别注意两点，一是门窗扇的开启方向，二是图纸上标注的门窗框位置是在墙中还是靠墙的一侧里皮。如果是和墙的里侧平齐，门窗框还应超出墙皮 20mm，这样抹完灰后，框正好和墙平齐。

2. 后塞口法施工

后塞口法施工是指在结构施工时，按设计图纸的尺寸将门窗洞口上的位置预留出来，待主体施工完成验收合格后，再将门窗框塞入，并进行固定。预留洞口的尺寸应大出门窗框的实际尺寸 20mm 左右。门窗框塞入后先用木楔临时固定，用线坠和水平尺校正，横平竖直，两边缝隙宽窄一致，再用钉子将门窗框固定在墙体上的木砖上，每块木砖应钉两颗钉子，且钉帽砸扁后钉入桎内。具体施工方法如图 5-7 所示。

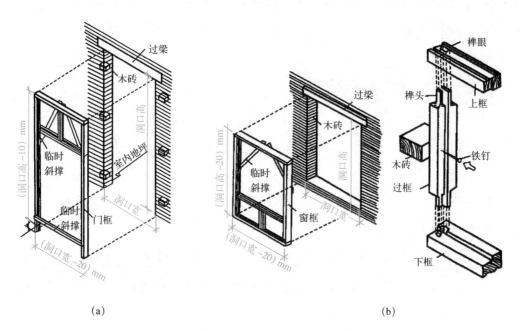

(a)   (b)

图 5–7　后塞口法施工

(a) 门框塞口安装；(b) 窗框塞口安装

其注意事项为：

（1）特别注意门窗扇的开启方向。

（2）大窗时还要注意上亮窗的位置。

（3）立口时要注意图纸的位置标注，即门窗扇是安装在墙内居中还是墙的边缘。

5.1.2.4　门窗扇的安装

1. 准备工作

木门窗扇在安装前，应进行下列准备工作：

（1）检查木门窗扇的材质、形状、结构尺寸是否符合设计图纸要求。

（2）如木门窗是外购成品，还需检验产品合格证，性能检验报告及复试报告。

（3）木门窗的复试报告应包括：①材质含水率；②人造木板的甲醛释放量。

（4）检查木门窗与砖石砌体，混凝土体或抹灰层接触处，应进行防腐处理，埋入砌体或混凝土中的木砖应进行防腐处理。

2. 安装门窗扇

（1）修刨门窗扇

门窗扇应经过两次修刨安装

第一次修刨后的门窗扇，以门刚刚能塞入框口为宜，塞入后用木楔临时固定，按扇与框口边缝配合尺寸，框与扇表面的平整度，画出第2次修刨的位置。经过第2次修刨使框与扇表面平整，缝隙尺寸符合要求后再开合页槽，合页槽的深度一般是合页的厚度。

（2）安装合页

每个合页都由两片组成，分三齿片和两齿片。按规定，应将三齿片固定在框上，两齿片固定在扇上，合页的标牌统一向上，木螺栓垂直拧紧、拧平。

（3）五金件的安装

五金件如门锁、碰球、拉手等，应按说明书进行安装，位置应按图纸中的尺寸及位置进行安装。

（4）安装玻璃

（5）注意事项

◆ 双扇安装与单扇安装方法基本相同，只是增加了一道"错口"的工序。"错口"和水平的方向不要弄错，一般情况下是右手是盖口，左手是等口，也就是俗称右手压左手。

◆ 为了方便开关，平开门窗的门窗扇边要成斜面。

◆ 门窗扇安装完成后要试开，其标准是要开到什么角度就能停到什么角度，没有自由开关等现象。

◆ 在安装门窗扇时应注意玻璃的裁口，其方向一般是厨房门裁口在外侧，厕所裁口在内则，其余房间按设计要求。

【知识拓展】

5.1.3　木门窗安装的质量标准及检验方法

主控项目

（1）木门窗的品种、类型、规格、尺寸、开启方向、安装位置，连接方式及性能应符合设计要求及国家现行标准的有关规定。

检验方法：观察；尺量检查，检查产品合格证，性能检验报告，进场验收记录和复验报告；检查隐蔽工程验收记录。

（2）木门窗应采用烘干的木材，含水率及饰面质量应符合国家现行标准的有关规定。

检验方法：检查材料进场验收记录，复验报告及性能检验报告。

（3）木门窗的防火、防腐、防虫处理应符合设计要求。

检验方法：观察，检查材料进场验收记录。

（4）木门窗框的安装应牢固。预埋木砖的防腐处理、木门窗框固定点的数量、位置和固定方法应符合设计要求。

检验方法：观察；手扳检查；检查隐蔽工程验收记录和施工记录。

（5）木门窗扇应安装牢固，开关灵活，关闭严密，无倒翘。

检验方法：观察，开启和关闭检查；手板检查。

（6）木门窗配件的型号、规格和数量应符合设计要求，安装应牢固，位置应正确，功能应满足使用要求。

检验方法：观察，开启和关闭检查，手扳检查。

2. 一般项目

（1）木门窗表面应整洁，不得有刨痕、锤印。

（2）木门窗的割角、拼接应严密平整，门窗框、扇裁口应顺直，刨面应平整。

（3）木门窗上的槽孔边缘整齐无毛刺。

检验方法：以上三项检查检验方法均为观察。

（4）木门窗与墙体的缝隙的填嵌材料应符合设计要求，填嵌应饱满。寒冷地区外窗（或门窗框）与砌体间的空隙应填充保温材料。

检验方法：轻敲门窗框检查，检查隐蔽验收记录和施工记录。

（5）木门窗批水、盖口条、压缝条的安装应顺直，与门窗结合应牢固、严密。

检查方法：观察，手扳检查。

（6）木门窗制作的允许偏差和检验方法应符合表 5-1 的规定。

木门窗制作允许偏差和检验方法 　　　　　　　　　　　　表 5-1

项次	项目	构件名称	允许偏差（mm）		检验方法
			普通	高级	
1	翘曲	框	≤ 3	≤ 2	将框、扇平放在检查平台上，用塞尺检查
		扇	≤ 2	≤ 2	
2	对角线长度差	框、扇	≤ 3	≤ 2	用钢尺检查，框量裁口里角，扇量外角
3	表面平整度	扇	±2	±2	用 1m 靠尺和塞尺检查
4	高度、宽度	框	0；–2	0；–1	钢尺检查，框量裁口里角，扇量外角
		扇	+2；0	+1；0	
5	裁口、线条结合处高低差	框、扇	±1	±0.5	用钢直尺和塞尺检查
6	相邻棂子两端间距	扇	≤ 2	≤ 1	用钢尺检查

（7）平开木门窗安装的留缝限值、允许偏差和检验方法应符合表 5-2 的规定。

平开木门窗安装的留缝限值、允许偏差和检验方法 　　　　　　表 5-2

项次	项目	留缝限值（mm）	允许偏差（mm）	检验方法
1	门窗框的正、侧面垂直度	—	2	用 1m 垂直检测尺检查
2	框与扇接缝高低差	—	1	用塞尺检查
	扇与扇接缝高低差		1	
3	门窗扇对口缝	1～4	—	用塞尺检查
4	工业厂房、围墙双扇大门对口缝	2～7	—	
5	门窗扇与上框间留缝	1～3	—	
6	门窗扇与合页侧框间留缝	1～3	—	
7	室外门扇与锁侧框间留缝	1～3	—	
8	门扇与下框留缝	3～5	—	用塞尺检查
9	饲扇与下框间留缝	1～3	—	

续表

项次	项目		留缝限值 （mm）	允许偏差 （mm）	检验方法
10	双层门向内外框间距		—	4	用钢直尺检查
11	无下框时门扇与 地面间留缝	室外门	4 ~ 7	—	用钢直尺或塞尺检查
		室内门	4 ~ 8	—	
		卫生间门		—	
		厂房大门	10 ~ 20	—	
		削墙大门		—	
12	框与扇搭接宽度	门	—	2	用钢直尺检查
		窗	—	1	用钢直尺检查

【知识拓展】

5.1.4　木门窗安装工程中常见质量通病

在木门窗的质量检查中很容易出现两种质量通病，一种是门窗扇关不严，另一种是门窗扇下坠，分析原因及矫正方法见表 5-3。

装饰木门窗安装中常见质量通病、原因分析及矫正方法　　　　　表 5-3

质量通病	原因分析	矫正方法
门窗关不严密	1. 缝隙不匀造成关不严 （1）门窗扇制作尺寸有误差； （2）门窗安装存在误差； （3）门窗在侧边与门框蹭口，窗扇在侧边或底边与窗的框出现蹭口	出现这种情况时，需对门窗和窗扇用细刨子进行修正
	2. 门窗扇坡口太小造成关不严 （1）门窗扇开关时，门窗扇边部蹭口； （2）安装铰链时，门窗扇的边部蹭到框的裁口边上	1. 安装时，扇四边应当刨出坡口，这样门窗扇就容易关严； 2. 应把边部蹭口处扇的坡口再刨大一些，一般坡口为 2°～3°
	3. 门窗扇不正造成的关不严：这是由于门窗框安装得不正（不垂直），使得门窗扇安装后能自动打开，木工俗称为"走扇"	1. 必须把门窗框找正、找直，否则这个问题是不能完全解决的； 2. 向外移动门窗扇上的铰链，能减少"走扇"的程度

续表

质量通病	原因分析	矫正方法
门窗关不严密	4.门窗扇不平造成的关不严 （1）由于制作不当，门窗扇不平（扭翘），关上后有一个角部关不严； （2）木材未干透，做成制品后木材干缩性质不均匀，门窗扇不平	1.在扇的榫处再加一个木楔； 2.调整铰链的位置，以减轻门窗的不平（扭翘）的程度； 3.严重者，重新制作门窗扇
门窗扇下坠	1.门窗扇安装玻璃后质量增加，而门窗扇本身的结构出现变形而造成； 2.门窗安装的铰链强度不足而变形造成； 3.安装铰链的木螺钉较小或安装方法不对造成的； 4.在制作时，榫头宽窄厚薄均小于划线尺寸，而加楔又不饱满所造成	1.在扇的边和冒头处设置铁三角，以增加抵抗下垂的能力； 2.装饰门必须采用尼龙无声铰链，装饰窗户一般可用大铰链； 3.安装铰链用的木螺钉宜采用粗长的规格，而且一定不能将木螺钉全部钉入木头内，应将木螺钉逐渐拧进木头内。在硬质木材上钉木螺钉时，先要钻眼，钻头直径比木螺钉直径小，孔深为木螺钉长度的2/3； 4.在榫眼位置再补加楔子，但只能临时改动，不能保证长久有效

【能力测试】

木门窗安装的"先立口法"和"后塞口法"有什么区别？各适用于什么情况？

【实践活动】

以4～6人为1个小组，在学校实训基地进行木门安装施工实训。

【活动评价】

学生自评 （20%）	规范选用 木门安装施工	正确□ 合格□	错误□ 不合格□
小组互评 （40%）	木门安装施工 工作认真努力，团队协作	合格□ 很好□ 一般□	不合格□ 较好□ 还需努力□
教师评价 （40%）	木门安装施工完成效果	优□ 中□	良□ 差□

项目 5.2　铝合金门窗安装工程施工

【项目描述】

铝合金门窗是以铝合金挤压型材为框、梃、扇料制作的门窗，简称铝门窗，包括以铝合金为受力杆件（承受并传递自重和荷载的杆件）基材，与木材、塑料复合的门窗。当前铝合金门窗多用于断桥铝合金门窗。

【学习支持】

5.2.1　铝合金门窗安装相关知识

5.2.1.1　铝合金门窗安装相关规范

（1）《铝合金门窗工程技术规范》JGJ 214–2010

（2）《住宅装饰装修工程施工规范》GB 50327–2001

（3）《建筑装饰装修工程质量验收标准》GB 50210–2018

5.2.1.2　铝合金门窗分类

铝合金门窗根据功能不同，分为推拉铝合金门、推拉铝合金窗、平开铝合金门、平开铝合金窗、地弹簧门等 5 种。

铝合金门窗基本上有两类型，一种是基本门窗，另一种是组合门窗。基本门窗由框扇、玻璃、五金件、密封条组成。由两个以上基本门窗组成的称为组合门窗，也称为门连窗。

铝合金门窗按开启方式可分为固定窗、上悬窗、平开门、平开窗、推拉门、推拉窗、折叠门、地弹簧门等；按使用部位不同，又分为内门窗、外门窗 2 种。

5.2.1.3　铝合金门窗主要材料

铝合金门窗所用的基本材料有：型材、五金配件、密封条。

（1）型材：各种门窗可根据其所用材料厚度分为若干系列，如门框边厚度为 900mm 即为 90 系列，一般门边料多为 50、60、70 系列，一般窗边料多为 50、60 系列，推拉门的门边料多为 70、80、90 系列。

型材的厚度：用于窗的型材不低于 1.4mm，用于门的型材不低于 2mm。

为达到隔热保温的目的，铝合金门窗多采用断桥铝。断桥铝合金的隔热方法有两种，一种是在铝合金型材内空腔插隔热条，另一种是在型材里面流注专业胶，从而达到隔热保温的目的。

断桥铝合金门窗有很多优点，如自重轻，强度高，坚固耐用，密封好，气密性、水密性都很高，隔音效果也高于木门窗，色泽美观亮丽。

（2）五金配件

铝合金门窗的五金配件主要由执手、滑撑（摩擦铰链）、风撑、勾销、月牙销、合页组成，见表 5-4。

铝合金门窗配件及用途 表 5-4

品种		用途
门锁	吊锁	铝合金推拉窗配件，用来锁闭开启的配件
	门锁	配有暗式弹子锁，可以内外启闭，适用于铝合金平开门
	暗锁	适用于双开扇铝合金地弹簧门
滚轮（滑轮）		适用于推拉门窗（如 55、70、90 系列），可承载门窗扇
滑撑（摩擦铰链）		固定扇于窗框上，是窗扇启闭的传动配件
风撑		在门窗中起开启限位作用，包括悬窗使用的伸缩风撑
合页		固定于门窗扇与框上，是门窗扇启闭的传动配件
执手	半开执手	锁闭开启窗扇的配件，适用窗包括悬空 50、60、90 系列
	联动执手	在门窗扇的边框处，将上下两处联动扣紧，适用于密闭式平开窗的启闭
	推拉执手	有左右两种形式，适用推拉门窗的开启
地弹簧		装于铝合金门下部，可以缓行自动开闭门

（3）玻璃

《铝合金门窗工程技术规范》JGJ 214-2010 中要求，铝合金门窗中可根据功能要求选用浮法玻璃、着色玻璃、镀膜玻璃、中空玻璃、真空玻璃、钢化玻璃、夹层玻璃、夹丝玻璃等。

5.2.1.4　铝合金门窗的制作

铝合金门窗是由不同规格的铝合金型材，采用插接榫头或直接采用自攻螺丝连接加固的方法并打胶组装而成。铝合金门窗组装方法比较简单，但技术性较强，其重点是切割的角度和打胶的严密性等两项内容。如果安装不好，很容易产生不平整、不方正，而且漏水。因此，铝合金门窗拼装重点在于两型材的连接部位的严密，包括打胶和压条等。

铝合金门窗的组装形式有两种，一般面积较小的是由专业分包厂家生产的，即在工厂里下料组装，包括安装玻璃。另一种是由于门窗的面积过大，不便于运输，故在厂家先下料、割角，到施工现场拼装完成。两种安装方法的区别是前一种门窗成品已在工厂完成加工，后一种是在工厂完成角部切割后，在现场用角码采用自攻螺丝连接。

铝合金门窗的施工程序如下：

选定专业分包厂家，签订加工合同→工程师（监理工程师）向专业分包书面提出材料要求、尺寸要求及质量要求→专业分包向工程师（监理工程师）提交材料样品包括样门、样窗→与工程师（监理工程师）约定质量控制点→拼装组装→质量检查→保护成品运至施工现场。

（1）选定专业分包厂家。

（2）工程师或者监理工程师向专业分包单位提出材料和质量要求。

在确定加工厂家前，一般情况下工程师应先将图纸细化，明确节点，明确门窗形状及各部位尺寸，明确铝合金门窗、框、梃、扇等骨架所使用型材的规格尺寸，明确插接或连接形式，明确密封条、密封胶和五金件及玻璃等材料的质量标准及品牌。

（3）专业分包厂家向工程师或者监理工程师提交材料样品。专业分包厂家，根据工程师提供的施工图纸，细化加工图，再次进行细化和放样，并注明使用的材料规格、门窗尺寸（包括细部尺寸），及五金件、密封材料品牌等。

（4）分包方根据图纸要求，向工程师提交样窗、样门，每个品种各1个，同时提交所用的各种型材样品（料头），包括五金件、密封材料、玻璃样品等。工程师或者监理工程师对材料进行鉴别。

（5）工程师或者监理工程师、专业分包厂家共同确定质量控制点。

在施工过程中，可作为质量控制点的对象很多，涉及面广，它可能是技术要求高，施工难度大的关键部位，也可能是影响工程质量的关键工序或某一环节。为确保门窗质量，工程师或者监理工程师根据情况可对门窗加工制作过程进行定期或不定期的检查。

（6）拼装组装

铝合金门窗拼装组装制作工艺比较简单，并且是在专业的生产厂家完成，主要工艺包括选料、断料、钻孔组装等。

铝合金门窗的生产过程是质量控制的重点，如果其中任一环节出现问题，可能造成整个门窗单框或单扇的质量不合格。如果选料不合格，可能造成整批产品的不合格，所以要特别注意以下几点：

◆ 选料时应按样板进行选料，并且注意型材的壁厚，必须按设计图纸及设计说明进行规格的选择。

◆ 按大样图标注尺寸进行断料，注意门窗的长度和宽度。

◆ 切割时应注意切口整齐无锯痕，注意切割角度。

◆ 钻孔前须进行位置测量，钻孔的直径要与自攻螺丝相匹配，自攻螺丝须放入胶圈后才能拧紧，目的是防止漏水。

◆ 组装前校正撞角机，确认撞角机为90°时才能碰角，注意45°角头，角头位置必须插入固定角位的铝片（角码），注意在碰撞连接时45°角边须涂抹密封胶，防止渗水，总之90°角完成后一定要平整平齐，不刮手，相互稳和紧密，没有空隙。

◆ 铝合金门窗的横向与竖向通常有两种插接方法，一种是平榫肩方式，另一种是斜角连接方式。两种榫接的方式均是在竖向的梃上做榫眼，横向料上做榫头，如图5-8所示。

◆ 门窗拼装完成后要注意防水密封条须在凹槽内，胶条的长度一定要正确（否则容易变形），胶条要有坡度，并且要检查胶条是否焊接，没有缺口，没有裂口，且匀衬（如果胶条有问题和缺陷，门窗是关不严的）。

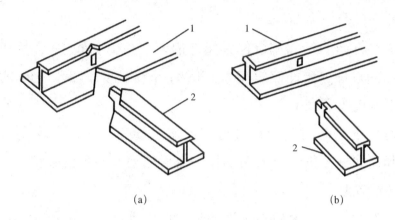

图 5-8　平开窗横竖工字料的连接

(a) 斜角榫肩方式；(b) 平榫肩方式

1—扇梃；2—窗梃

【任务实施】

5.2.2　铝合金门窗安装工程施工

5.2.2.1　施工准备

1. 铝合金门窗安装应具备的条件

（1）主体结构已完成并经有关部门验收合格。

（2）在门窗安装前按要求将室内标高进行复验并弹出 500mm 标高控制线，控制线必须贯通，必要时复测标高。

（3）在门窗安装前须校正洞口位置是否与图纸位置一致，测量洞口宽度、高度，洞口宽度、高度尺寸允许偏差 ±10mm，对角线允许偏差 ±10mm，注意洞口的实际尺寸宜大于门窗框实际外边 20mm，且各洞口上下垂直，各层水平，如果发现洞口歪斜不正或尺寸不符合设计要求的需提前剔凿处理。

按照我国现行的验收规范规定：门窗安装前，应对洞口尺寸及相邻洞口的位置偏差进行检查。同类门窗洞口垂直、水平方向的位置应对齐，位置允许偏差应符合下列规定：

◆ 垂直方向的相邻洞口位置允许偏差应为 10mm；全楼高度小于 30m 的垂直方向洞口位置允许偏差应为 15mm，全楼高度不小于 30m 的垂直方向洞口位置允许偏差应为 20mm。

◆ 水平方向的相邻洞口位置允许偏差应为 10mm；全楼长度小于 30m 的水平方向洞口位置允许偏差应为 15mm；全楼长度不小于 30m 的水平方向洞口位置偏差应为 20mm。

（4）对已进场的门窗产品进行二次质量检查，如果发现门窗窜角、翘曲、偏差超出允许范围，及表面操作、变形松动，外观色差较大，处理解决并验收后才能安装。

（5）如果铝合金门窗框与水泥砂浆直接接触，还须进行防腐处理（防腐处理应按设计要求执行）。

（6）检查洞口预埋件的位置和数量，如果预埋件没有或不正确，可剔出钢筋（非主筋）补预埋件或用电锤打 $\phi 6$ 孔，孔深 60mm，注入植筋胶或用水泥灌孔，将 $\phi 6$ 钢筋放入孔内，焊在钢板（预埋件）上。

2. 机具准备

铝合金门窗安装使用的主要机具有手电钻、电锤、砂轮切割机、射钉枪、电焊机、钢锯、角尺、水平尺、螺丝刀、扳手、手锤、钢卷尺、打胶筒和灰线等。

5.2.2.2　铝合金门窗安装工艺流程

复核门窗洞口尺寸→弹线找规矩→铝合金门窗框安装→门窗框四周嵌缝处理→门窗扇的安装→玻璃安装→五金配件安装→密封条安装

断桥铝门窗安装

5.2.2.3　施工要点

（1）复核门窗洞口尺寸。

（2）弹线找规矩是在统一的标高控制线的基础上，按设计标高画出门窗框的控制线，门窗的中线，确保尺寸正确。

（3）铝合金框安装。

◆ 检查防腐处理情况，如果防腐涂刷不合格，可按设计要求在防腐处理后进行安装。

◆ 铝合金框的安装应注意：一是框要平整、水平，不翘曲，不扭曲，位置正确；二是框与预埋件连接牢固，即将框进行水平和垂直的校正，并将框用木楔临时固紧在洞口中，后将框用射钉或焊接的方法与预埋件连接；三是如果没有预埋件，可用射钉枪将门窗框上的拉接件与洞口墙体射钉固定。

（4）嵌缝处理

铝合金门窗框在封缝前应再次进行垂直和水平的复查，确认符合要求后，将框的四周清扫干净，用填缝材料进行密封，达到接缝处密闭，起到防水的目的，如图 5-9 所示。

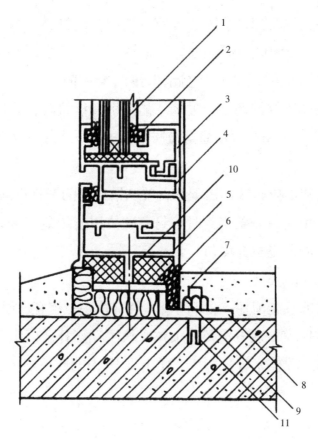

图 5-9　铝合金门窗框安装节点及缝隙处理示意

1—玻璃；2—橡胶条；3—压条；4—内扇；5—外框；6—密封膏；
7—砂浆；8—地脚；9—软填料；10—塑料垫；11—膨胀螺栓

（5）门窗扇安装

推拉门窗安装时应注意安装顺序。推拉门窗分内扇和外扇。先将外扇插入上滑道内的外槽，外扇下部对应落入下滑道的外槽，然后用同样的方法安装内扇。门窗上的导向轮是可调的，应在门窗安装完成后调整，确保门窗扇与框间保持平行，且开关灵活，间隙均匀，框与框搭接量适当，并且密封条的安装应符合设计要求。

平开门窗扇安装时应注意，先将合页按要求固定在铝合金框上，然后将扇嵌入框内，临时固定，待调整后再将门窗扇拧固在合页上，注意上下两合页应在同一轴线上，门窗扇的安装，扇与框间的缝隙，如果上下立缝不均匀或翘曲或门窗扇关闭不严密，应调整合页解决。

（6）玻璃安装

◆ 玻璃的品种及厚度应按设计要求选配，应符合《铝合金门窗工程技术规范》JGJ 214－2010 中有关规定。

◆ 应注意玻璃的尺寸与门窗扇框或门窗框内尺寸，由于玻璃存在防震、防渗漏、防膨胀等问题，故玻璃不能与框直接接触，其尺寸必须小于扇框的内净尺寸 5 ~ 7mm，并用固定橡胶垫片支垫，支承垫块不得阻塞泄水孔及排水通道。

◆ 玻璃安装前应将玻璃擦干净，玻璃槽口内的杂物也须清理干净。

◆ 玻璃采用密封胶条密封时，封条宜使用连续条，接口不应设置在转角处，装配后的胶条应整齐均匀，无凸起。

（7）五金配件的安装

铝合金门窗的五金配件：平开门窗一般有执手、连杆、滑撑、合页、锁、限位撑等，推拉门窗一般有滑撑、缩撑、执手、连杆、门锁等。安装时应符合《铝合金门窗工程技术规范》JGJ 214－2010 中的有关规定。

【知识拓展】

5.2.3 金属门窗安装的质量要求及检验方法

1. 主控项目及检验方法

（1）金属门窗的品种、类型、规格、尺寸、性能、开启方向、安装位置、连接方式及门窗的型材壁厚应符合设计要求及国家现行标准的有关规定。金属门窗的防雷、防腐处理及填嵌密封处理应符合设计要求。

检验方法：观察；尺量检查；检查产品合格证书性能检验报告；进场验收记录和复试报告；检查隐蔽工程验收记录。

（2）金属门窗框和附框的安装应牢固，预埋件及锚固件的数量、位置、埋设方式、与框的安装应符合设计要求。

检验方法：手扳检查；检查隐蔽工程验收记录。

（3）金属门窗扇应安装牢固、开关灵活、关闭严密，无倒翘。推拉门窗扇应安装防止脱落的装置。

检验方法：观察；开启和关闭检查；手扳检查。

（4）金属门窗配件的型号、规格、数量应符合设计要求，安装应牢固，位置应正确，功能应满足使用要求。

检查方法：观察；开启和关闭检查；手扳检查。

2. 一般项目及检验方法

（1）金属门窗表面应洁净、平整、光滑色泽一致，应无锈蚀、擦伤、划痕和碰撞。漆膜或保护层应连续，型材的表面处理应符合设计要求及国家现行标准的有关规定。

检验方法：观察。

（2）金属门窗，推拉门窗扇开关力不应大于 50N。

检验方法：用测力计检查。

（3）金属门窗与墙体之间的缝隙应填嵌饱满，并应采用密封胶密封，密封胶表面应光滑、顺直，无裂纹。

检验方法：观察、轻敲门窗框检查、检查隐蔽工程验收记录。

（4）金属门窗扇的密封胶条或密封毛条装配应平整、完好，不得脱槽，交角处应平顺。

检测方法：观察，开启和关闭检查。

（5）排水孔应畅通，位置和数量应符合设计要求。

检测方法：观察。

（6）铝合金门窗安装的允许偏差和检验方法应符合表 5-5 的规定。

铝合金门窗安装的允许偏差和检验方法　　表 5-5

项次	项目		允许偏差（mm）	检验方法
1	门窗槽口宽度、高度	≤ 2000mm	2	用钢卷尺检查
		>2000mm	3	
2	门窗槽口对角线长度差	≤ 2500mm	4	用钢卷尺检查
		>2500mm	5	
3	门窗框的正、侧面垂直度		2	用 1m 垂直检测尺检查
4	门窗横框的水平度		2	用 1m 水平尺和塞尺检查
5	门窗横框标高		5	用钢卷尺检查
6	门窗竖向偏离中心		5	用钢卷尺检查
7	双层门窗内外框间距		4	用钢卷尺检查
8	推拉门窗扇与框搭接宽度	门	2	用钢直尺检查
		窗	1	

（7）钢门窗安装的留缝限值、允许偏差和检验方法应符合表 5-6 的规定。

钢门窗安装的留缝限值、允许偏差和检验方法　　表 5-6

项次	项目		留缝限值（mm）	允许偏差（mm）	检验方法
1	门窗槽口宽度、高度	≤ 1500mm	—	2	用钢卷尺检查
		>1500mm	—	3	
2	门窗槽口对角线长度差	≤ 2000mm	—	3	用钢卷尺检查
		>2000mm	—	4	
3	门窗框的正、侧面垂直度		—	3	用 1m 垂直检测尺检查
4	门窗横框的水平度		—	3	用 1m 水平尺和塞尺检查
5	门窗横框标高		—	5	用钢卷尺检查
6	门窗竖向偏离中心		—	4	用钢卷尺检查
7	双层门窗内外框间距		—	5	用钢卷尺检查
8	门窗框、扇配合间隙		≤ 2	—	用塞尺检查
9	平开门窗框扇搭接宽度	门	≥ 6	—	用钢直尺检查
		窗	≥ 4	—	用钢直尺检查
	推拉门窗框扇搭接宽度		≥ 6	—	用钢直尺检查
10	无下框时门扇与地面间留缝		4 ~ 8	—	用塞尺检查

【能力测试】

试述铝合金门窗的安装要点及质量控制方法。

【实践活动】

以 4～6 人为 1 个小组，在学校实训基地进行铝合金门窗施工实训。

【活动评价】

学生自评 (20%)	规范选用 铝合金门窗施工	正确□ 合格□	错误□ 不合格□
小组互评 (40%)	铝合金门窗施工 工作认真努力，团队协作	合格□ 很好□ 一般□	不合格□ 较好□ 还需努力□
教师评价 (40%)	铝合金门窗施工完成效果	优□ 中□	良□ 差□

项目 5.3　塑料门窗安装工程施工

【项目描述】

目前的塑料门窗大多是以 PVC 为主要材料的塑料门窗。其主要材料是以聚氯乙烯为主要原料，加入稳定剂、润滑剂、色料、抗冲击剂等，通过机械热熔，模具挤成定型的各种中空型材。不同断面的型材，作为门窗杆件，按设计尺寸进行切割焊接拼装后，再装上五金配件、密封条、玻璃等，即成为塑料门窗。

塑料门窗具有很高的保温和隔热的效果，由于塑料门窗的刚度较差，变形也大，一般在其空腔内嵌装型钢或铝合金型材进行加强，从而增强了塑料门窗的刚度，也提高了塑料门窗的牢固性和抗风压能力，因此塑料门窗也称为塑钢门窗。

【学习支持】

5.3.1 塑料门窗安装相关知识

5.3.1.1 塑料门窗安装相关规范

（1）《塑料门窗工程技术规程》JGJ 103–2008

（2）《住宅装饰装修工程施工规范》GB 50327–2001

（3）《建筑装饰装修工程质量验收标准》GB 50210–2018

5.3.1.2 塑料门窗主要性能

塑料门窗具有节能、保温、密封性强、隔热隔声等特性，并且容易加工，应用广泛。

1. 节能、保温

由于塑料型材是空腔式结构，故具有良好的隔热性能，传热系数极低，仅为钢材的 1/357，铝材的 1/1250。据有关部门调查比较，使用塑料门窗比使用木门窗的房间，冬季室内温度提高 4 ~ 5℃。另外塑料门窗广泛使用，也可节省大量的木材、铝材、钢材等。

2. 密封性强

由于塑料门窗在安装时所有缝隙处均装橡塑密封条和毛条，所以气密性很高，水密性也很高。试验证明质量合格的塑料门窗关闭后，当室外风速为 40km/h 时，空气泄漏量仅为 0.028m³/min。

3. 隔热性能好

建筑上使用的 PVC 导热系数虽然与木材接近，但由于塑料门框、扇都是中空异型材料，故密封空气层的导热系数低，所以塑料门窗的保温隔热的性能优于木门窗，更比钢门窗节省大量的能源。

4. 经久耐用，不需要维修

由于塑料门窗型材具有独特配方，故存在良好的耐腐蚀性。如果其五金配件也是不锈钢等防腐制品，其使用寿命是钢窗的 10 倍。又由于塑料型材独特配方的作用，提高了其耐寒性。试验证明，塑料门窗可长期在温差较大的环境下使用，遇烈日暴晒，潮湿都不会出现变质老化、脆化等现象，正常环境下塑料门窗使用寿命可达 50 年以上。

5. 隔声性能强

实际监测证明，合格的塑料门窗隔声性能在 30dB 以上，优于钢木门窗。

6. 易加工

塑料材料具有易加工成型的优点，根据设计要求不同，只是改变成型模具，即可挤压出适合不同风压强度及建筑功能要求的复杂断面的中空型材，并可拼装焊接成各种成品。

7. 装饰性强

由于塑料材质的细腻，表面光洁度高，且色泽多样，浓淡相宜，无需油漆，易于擦洗等优点，故能满足人们装饰装修的需求。

5.3.1.3　塑料门窗的分类

根据原材料的不同，塑料门窗可分为改性聚氯乙烯塑料门窗、钙塑门窗和改性全塑门窗。

1. 改性聚氯乙烯内门

改性聚氯乙烯内门是以聚氯乙烯为基料，加入适量的改性剂和助剂，经挤压机挤出各种截面形式的中空型材，再根据设计要求组装成不同品种、规格的内门。这种门窗具有质轻、隔声、隔热、耐蚀、色泽鲜艳和装饰效果好等优点，且采光性能好，不需要油漆，可用于宾馆、饭店和民用住宅内，取代普通木门。

2. 钙塑门窗

钙塑门窗是以聚氯乙烯树脂为基料，加入适量的改性、增强材料和稳定剂、抗老化剂、抗静电剂等加工而成。钙塑门窗具有耐酸、碱蚀、耐热、不吸水、隔声和可加工性好，可以根据设计、组装的需要进行锯切、钉固、拧固等，且不需要油漆。

钙塑门窗品种、类型较多，有室门、壁橱门、单元门、商店门及各种不同规格的窗，还可以根据建筑设计图纸的要求进行再加工。

3. 改性全塑整体门

全塑整体门是以聚氯乙烯树脂为基料，加入适量的增塑剂、抗老化剂和稳定剂等辅助材料，经机械加工而成。这种门在生产中采用一次成型的工艺，门扇为一个整体，无需再经过组装。因此，它不仅具有坚固、耐久性能好，而且隔热、隔声性能好，同时可以制作成单一颜色，安装施工也比较简便，是一种比较理想的"以塑代木"的产品。

改性全塑整体门适用于医院、办公楼、饭店、宾馆及民用建筑的内门，也适合化工建筑内门的安装。改性全塑整体门适合在 −20℃～＋50℃的温度范围内使用。

4. 改性聚氯乙烯夹层门

改性聚氯乙烯夹层门是采用聚氯乙烯塑料的中空型材为骨架，内衬芯材，表面以聚氯乙烯装饰板复合而成。这种门的门框是用抗冲击性能好的聚氯乙烯中空异型材，经过热熔焊接后拼装而成。它具有整体重量轻、刚度好、耐腐蚀、不易燃烧、防虫蛀、防霉、外形美观等优点，适合用于宾馆、学校、住宅、办公楼和化工车间内门。

5. 全塑折叠门

全塑折叠门是以聚氯乙烯为主要原料，掺入适量的防老化剂、增塑剂、阻燃剂和稳定剂，经过机械加工而成。全塑折叠门具有重量轻，安装及使用方便，自身体积小，但遮蔽面积大，推拉轨迹顺直，且能显现出豪华、高雅的装饰效果，适用于大、中型厅堂的临时隔断、更衣间的屏幕和浴室、卫生间的内门。

全塑折叠门的颜色和图案都可以按设计要求确定，如仿木纹及各种印花等。全塑折叠门安装时所用的附件有铝合金导轨和滑轮等。

6. 塑料百叶窗

塑料百叶窗是使用硬质改性聚氯乙烯、玻璃纤维增强聚丙烯及尼龙等热塑性塑料加工而成，主要品种有垂直百叶窗帘和活动百叶窗等。塑料百叶窗的传动机构采用丝杠和蜗轮蜗杆机构，可以自动启闭以及180°的转角，起到随意调节光照，使室内形成一种光影交错的气氛。

塑料百叶窗具有优良的抗湿和调节光照的性能，比较适合于地下坑道、人防工事等湿度大的建筑和宾馆、饭店、影剧院、图书馆、科研计算中心等建筑各种窗的遮阳和通风。

5.3.1.4 塑料门窗的组成材料

1. 塑料型材及密封条

塑料门窗采用的塑料型材、密封条等原材料，应符合现行的国家标准《门、窗用未增塑聚氯乙烯（PVC-U）型材》GB/T 8814–2017 和《塑料门窗用密封条》GB 12002–1989 的有关规定。其老化性能应达到 S 类的技术指标。

2. 塑料门窗配件

塑料门窗采用的紧固件、五金件、增强型钢、金属衬板及固定片等，应符合以下要求。

（1）紧固件、五金件、增强型钢、金属衬板及固定片等，应进行表面防腐处理。

（2）紧固件的镀层金属及其厚度，应符合国家标准《紧固件 电镀层》GB/T 5267.1–2002 有关规定；紧固件的尺寸、螺纹、公差、十字槽及力学性能等技术条件，应符合国家标准《十字槽盘头自攻螺钉》GB/T 845–2017、《十字槽沉头自攻螺钉》GB/T 846–2017 的有关规定。

（3）五金件的型号、规格和性能，均应符合国家现行标准的有关规定，滑撑铰链不得使用铝合金材料。

（4）全防腐型塑料门窗，应采用相应的防腐型五金件及紧固件。

（5）固定片的厚度应大于等于 1.5mm，最小宽度应大于等于 15mm。其材质应采用 Q235-A 冷轧钢板，其表面应进行镀锌处理。

（6）组合窗及连窗门的拼樘料，应采用与其内腔紧密吻合的增强型钢作为内衬，型钢两端应比拼樘长出 10 ～ 15mm。外窗的拼樘料截面尺寸及型钢形状、壁厚，应能使组合窗承受瞬时风压。

3. 玻璃及玻璃垫块

塑料门窗所用的玻璃及玻璃垫块的质量，应符合以下规定：

（1）玻璃的品种、规格及质量，应符合国家现行产品标准的规定，并应有产品出厂合格证，中空玻璃应有检测报告。

（2）玻璃的安装尺寸，应比相应的框、扇（梃）内口尺寸小 4 ～ 6mm，以便于安装并确保阳光照射下出现膨胀而不开裂。

（3）玻璃垫块应选用邵氏硬度为 70 ～ 90（A）的硬橡胶或塑料，不得使用硫化再生橡胶、木片或其他吸水性材料；其长度宜为 80 ～ 150mm，厚度应按框、扇（梃）与玻璃的间隙确定，一般宜为 2 ～ 6mm。

4. 门窗洞口框墙间隙密封材料

门窗洞口框墙间隙密封材料，一般常为建筑密封胶，其应具有良好的弹性和粘结性，应符合国家现行产品标准的规定，并应有产品出厂合格证、检测报告。

5.3.1.5 塑料门窗制作

塑料门窗的制作一般是由专业加工厂家来完成，属机械化生产，其生产工艺如下：

型材下料→铣 V 口→打排水、排气孔→安装密封条→插钢衬→焊接→清角→组装→验收

门窗加工成型过程很简单，但技术性非常强，精度要求很高，每一道工序都应严格按工艺要求加工，按设计要求尺寸制作，加工制作的过程是门窗成型的关键，也是质量控制的重点。

（1）型材下料

◆　锯切口角度不能偏斜，长度尺寸要准确，允许误差 ±0.5mm 以内，角度允许误差 ±0.5°。

◆　要求锯口平整度 ≤ 0.3mm，并且平滑。

（2）铣 V 口

铣 V 口就采用 V 口焊接，是门窗的连接方法，是采用塑料焊的一种方式，V 口是焊接口，V 口深度允许偏差在 ±0.3mm 以内。

（3）打排水排气孔

塑料门窗制成后，处于全封闭状态，型材的空腔在阳光的直射下温度上升，腔内空气会膨胀，为达到气压平衡，需要打排气孔，即是在框扇料的下端打长形孔，如图 5-10 所示。

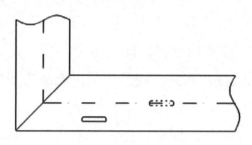

图 5-10　排水排气示意

（4）安装密封条

安装密封条是框扇之间为密封而安装的，密封条安装应粘结牢固，表面光滑、平整、顺直，无裂纹。

（5）插钢衬

插钢衬的目的是增加塑料型材的刚度，插钢衬时应注意以下 3 点：

◆　钢衬应符合壁厚的标准，一般壁厚是按设计要求确定的，且不应小于 1.5mm，并且表面作防腐处理。

◆　当塑钢门窗扇边长大于 450mm 时和装配五金配件处须加钢衬。

◆　钢衬应全条插入型材内，并且不得影响焊接。

（6）焊接角度保证 90°，相邻两构件平面偏差不大于 0.5mm。如产生偏差，框扇是不平的。

（7）清角

门窗拼装完成后，其表面有明显不平处，焊接有焊瘤，边角有毛刺。这些都应当及时清理，其要求是不要刮伤表面，将表面清洁干净，不产生塌陷。

（8）组装

组装时密封条、五金配件及玻璃的安装位置及门窗的形状、尺寸必须正确，并在门窗上粘贴保护膜。

（9）成品的检查报验

塑料门窗成品进入施工现场后，施工单位应填写物资进场报验单，向监理工程师申请报验，监理单位、施工单位、塑钢窗加工厂家一同到场对塑料门窗进行检查验收。

塑料门窗的检查项目为：

◆ 外观检查，门窗外形尺寸、结构形式是否符合设计图纸要求。

◆ 外观：门窗外观表面平滑，颜色均匀一致，无严重划痕和油污，焊角平整，无裂纹，无错位，密封条嵌装均匀，无脱槽现象，接口严密，玻璃压条卡固牢固，角部接口处缝隙不大于 0.5mm。

◆ 结构：窗扇与框装配规整，窗扇关闭时密封条应处于压缩状态，扇与框不得有缝隙，五金件装配齐全，位置正确，安装牢固。

【任务实施】

5.3.2　塑料门窗安装工程施工

5.3.2.1　安装前的准备

1. 施工条件

塑料门窗安装前应具备的条件：

（1）主体结构已完成并经有关部门验收合格。

（2）在门窗安装前按要求将室内标高线复验并弹出 500mm 标高控制线，控制线必须贯通。

（3）在门窗安装前必须校正洞口位置、尺寸是否与图纸一致，洞口宽度尺寸允许偏差 ±10mm，对角线允许偏差 ±10mm。注意洞口的实际尺寸应大于门窗框实际外边，每边各大于 20mm，且各洞口上下垂直，各层水平。如果发现洞口歪斜不正或尺寸不符合设计要求的，立即进行剔凿处理。

（4）对已进场的门窗进行二次质量检查。如果发现门窗窜角、翘曲、色差较大、偏差超出允许范围及表面损伤、划伤、变形、松动，需及时处理并重新验收。验收合格后方可进行安装。

2. 材料

（1）塑料门窗规格、型号应符合设计要求，五金配件齐备，并有产品合格证。

（2）嵌缝材料有软质材料、连接件、填充剂、密封膏、水泥、砂等。

3. 施工机具准备

塑料门窗安装所用的主要机具有 $\phi 6 \sim \phi 14$ 的手电钻、射钉枪、钢卷尺、锤子、吊线线坠、螺丝刀、鸭嘴榔头和平铲等。

5.3.2.2 施工工艺流程

塑料门窗均采用塞口法安装，其工艺流程为：

施工准备→抄平放线→框上找中线→装固定片→洞口找中→安装门窗框→调整定位→与墙体固定→填塞框墙间弹性嵌固材料（塑料发泡剂）→墙面装饰→清理→嵌缝→安装门窗扇及玻璃→安装五金配件→撕去保护膜→交工验收

5.3.2.3 施工要点

塑料门窗安装节点如图 5-11 所示。

1. 安装框料连接铁件

连接铁件是将塑料门窗框料固定于门窗洞口预埋件上的铁卡件。连接铁件的安装位置是从门窗框宽度和高度两端向内各 150mm，作为第 1 连接安装点，中间安装点间距小于等于 600mm。

具体安装方法为：先将连接铁件按与框呈 45°的角度放入框背侧燕尾槽口内，顺时针方向将连接铁件板成直角，然后成孔旋进 $\phi 4$、长 15mm 自攻螺钉固定。严禁用锤子敲打框料，以防变形损坏。

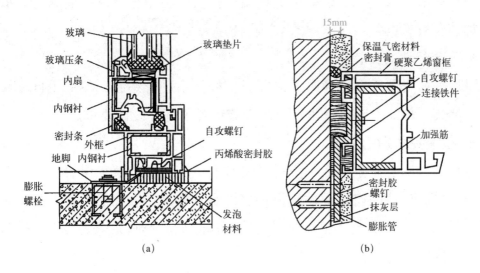

(a)   (b)

图 5-11 塑料门窗安装节点示意

2. 立框

将门窗放入洞口安装线上就位，用对拔木塞临时固定，校正垂直度、水平度后将木塞固定。为防止门窗框受弯损伤，木塞应固定在边框、中横竖框部位。

框扇固定后及时开启门窗扇，检查开关灵活度。

3. 框与墙间缝隙的处理

（1）由于塑料的膨胀系数较大，所以要求塑料门窗与墙体间应留出一定宽度的缝隙，以适应塑料伸缩变形。

（2）框与墙间的缝隙宽度，可根据总跨度、膨胀系数、年最大温差计算出最大膨胀量，再乘以要求的安全系数求得，一般可取 10 ~ 20mm。

（3）框与墙间的缝隙，不能用泡沫塑料条或油毡卷条填塞，填塞不宜过紧，以免框架发生变形。门窗框四周的内外接缝缝隙应用密封材料嵌填严密，也可用硅橡胶嵌缝条，但不能采用嵌填水泥砂浆的做法。

（4）不论采用何种填缝方法，均要做到以下两点：

◆ 嵌填的密封缝隙材料应当能承受墙体与框之间的相对运动，并且保持其密封性能，雨水不得在嵌填的密封隙缝材料处渗入。

◆ 嵌填的密封缝隙材料不应对塑料门窗有腐蚀、软化作用，尤其是沥青类材料对塑料有不利作用，不宜采用。

（5）嵌填密封完成后，则可进行墙面抹灰。当工程有较高要求时，最后还需加装塑料盖口条。

4. 五金配件的安装

塑料门窗安装五金配件时，必须先在杆件上进行钻孔，然后用自攻螺钉拧入，严禁在杆件上直接锤击钉入。安装位置须符合设计要求。

5. 安装完毕后的清洁

塑料门窗扇安装完毕后，应暂时将其取下，并编号单独保管。门窗洞口进行粉刷时，应将门窗表面贴纸保护。粉刷时如果在表面沾上水泥浆，应立即用软质抹布擦洗干净，切勿使用金属工具擦刮。粉刷完毕后，应及时清除玻璃槽口内的渣灰。

【知识拓展】

5.3.3 塑料门窗安装的质量标准及检验方法

塑料门窗安装自检合格后，向监理报验并填写检验申请单，施工方质量检查员、操作人员、监理工程师一同到现场对已完成门窗进行实测实量。

塑料门窗安装工程检验批各项目检查数量：每个检验批应至少抽查5%，并不得少于3樘，不足3樘时应全数检查；高层建筑的外窗，每个检验批至少抽查10%，并不得少于6樘，不足6樘时应全数检查。

1. 主控项目及质量验收规定

（1）塑料门窗的品种、类型、规格、尺寸、性能、开启方向、安装位置、连接方式和填嵌密封处理应符合设计要求及国家现行标准的有关规定，内衬增强型钢的壁厚及设置应符合现行国家标准《建筑用塑料门》GB/T 28886 和《建筑用塑料窗》GB/T 28887 的规定。

检验方法：观察；尺量检查；检查产品合格证、性能检查报告、进场验收记录和复验报告；检查隐蔽验收记录。

（2）塑料门窗框、附框和扇的安装应牢固。固定片或膨胀螺栓的数量与位置应正确，连接方式应符合设计要求。固定点应距窗角、中横框、中竖框150～200mm，固定点间距不应大于600mm。

检验方法：观察；手板检查；尺量检查；检查隐蔽工程验收记录。

（3）塑料组合门窗使用的拼樘料截面尺寸及内衬增强型钢的形状和壁厚应符合设计要求。承受风荷载的拼樘料应采用与其内腔紧密吻合的增强型钢作为内衬，其两端应与洞口固定牢固。窗框应与拼樘料连接紧密，固定点间距不应大于600mm。

检验方法：观察；手板检查；尺量检查；吸铁石检查；检查进场验收。

（4）窗框与洞口之间的伸缩缝内应采用聚氨酯发泡胶填充，发泡胶应均匀、密实。发泡胶成型后不宜切割。表面应采用密封胶密封。密封胶应粘结牢固，表面应光滑、顺直、无裂纹。

检验方法：观察；检查隐蔽工程验收记录。

（5）滑撑铰链的安装应牢固，紧固螺钉应使用不锈钢材质。螺钉与框扇连接处应进行防水处理。

检验方法：观察，手板检查；检查隐蔽工程验收记录。

（6）推拉门窗扇应安装防止扇脱落的装置。

检验方法：观察。

（7）门窗扇关闭应严密，开关应灵活。

检验方法：观察；尺量检查；开启和关闭检查。

（8）塑料门窗配件型号、规格和数量应符合设计要求，安装应牢固，位置应正确，使用应灵活，功能应满足各自使用要求。平开窗扇高度大于900mm时窗扇锁闭点不少于2个。

检验方法：观察；手板检查；尺量检查。

2. 一般项目及质量验收规定

（1）安装后的门窗关闭时，密封面上的密封条应处于压缩状态，密封层数应符合设计要求。密封条应连续完整，装配后应均匀、牢固，应无脱槽、收缩和虚压等现象；密封条接口应严密，且应位于窗的上方。

检验方法：观察。

（2）塑料门窗的开关力应符合下列规定：

1）平开门窗扇平铰链的开关力不应大于80N；滑撑铰链的开关力不应大于80N，并不应小于30N。

2）推拉门窗扇的开关力不应大于100N。

检验方法：观察；应测力计检查。

（3）门窗表面应洁净、平整、光滑，颜色应均匀一致。可视面应无划痕、碰伤等缺陷，门窗不得有焊角开裂和型材断裂等现象。

检验方法：观察。

（4）旋转窗间隙应均匀。

检验方法：观察。

（5）排水孔应畅通，位置和数量应符合设计要求。

检验方法：观察。

（6）塑料门窗安装的允许偏差和检查方法应符合表5-7的规定。

塑料门窗安装的允许偏差和检验方法　　　　　　　　　表 5-7

项次	项目		允许偏差（mm）	检验方法
1	门、窗框外形（高、宽）尺寸长度差	≤ 1500mm	2	用钢卷尺检查
		>1500mm	3	
2	门、窗框两对角线长度差	≤ 2000mm	3	用钢卷尺检查
		>2000mm	5	
3	门、窗框（含拼樘料）正、侧面垂直度		3	用 1m 垂直检测尺检查
4	门、窗框（含拼樘料）水平度		3	用 1m 水平尺和塞尺检查
5	门、窗下横框的标高		5	用钢卷尺检查，与基准线比较
6	门、窗竖向偏离中心		5	用钢卷尺检查
7	双层门、窗内外框间距		4	用钢卷尺检查
8	平开门窗及上悬、下悬、中悬窗	门、窗扇与框搭接宽度	2	用深度尺或钢直尺检查
		同樘门、窗相邻扇的水平高度差	2	用靠尺和钢直尺检查
		门、窗框扇四周的配合间隙	1	用楔形塞尺检查
9	推拉门窗	门、窗扇与框搭接宽度	2	用深度尺或钢直尺检查
		门、窗扇与框或相邻扇立边平行度	2	用钢直尺检查
10	组合门窗	平整度	3	用 2m 靠尺和钢直尺检查
		缝直线度	3	用 2m 靠尺和钢直尺检查

【知识拓展】

【工程案例】××市科研软件开发园××A1号楼工程，其窗户采用聚氯乙烯塑料窗。一层窗施工完毕后，作为1个检验批进行验收，其检验批质量验收记录表见表5-8。

塑料门窗安装工程检验批质量验收记录表　　　　表 5-8

GB 50210-2018　　　　　　　　　　　　　　　　　　　　030303 | 0 | 1 |

单位（子单位）工程名称	×× 市科研软件开发园 ××A1 号楼		
分部（子分部）工程名称	建筑装饰装修（门窗子分部）	验收部位	一层
施工单位	×× 建筑安装有限责任公司	项目经理	×××
分包单位	/	分包项目经理	/
施工执行标准名称及编号	《建筑装饰装修工程质量验收标准》GB 50210-2018		

		施工质量验收规范的规定			施工单位检查评定记录	监理（建设）单位验收记录
主控项目	1	门窗质量		第 5.4.2 条	✓	符合设计（文件）及施工质量验收规范要求，同意验收
	2	框、扇安装		第 5.4.3 条	✓	
	3	拼樘料与框连接		第 5.4.4 条	✓	
	4	门窗扇安装		第 5.4.5 条	✓	
	5	配件质量及安装		第 5.4.6 条	✓	
	6	窗框与墙体间缝隙填嵌		第 5.4.7 条	✓	
一般项目	1	表面质量		第 5.4.8 条	✓	
	2	密封条及旋转窗间隙		第 5.4.9 条	✓	
	3	门窗扇的开关力		第 5.4.10 条	✓	
	4	玻璃密封条与玻璃及玻璃槽口		第 5.4.11 条	✓	
	5	排水孔		第 5.4.12 条	✓	

		项目		允许偏差（mm）	实测值（mm）										
一般项目	6 允许偏差（mm）	门窗槽口宽度、高度	≤ 1500mm	2	1	1	③	1	2	2	2	2	2	1
			> 1500mm	3										
		门窗槽口对角线长度差	≤ 2000mm	3	2	3	2	2	2	3	2	2	1	
			> 2000mm	5										
		门窗框的正、侧面垂直度		3	1	1	2	2	2	2	1	1	1	1

续表

一般项目	6	允许偏差 (mm)	门窗横框的水平度	3	2	1	2	2	3	2	3	1	2	2	符合设计（文件）及施工质量验收规范要求，同意验收
			门窗横框标高	5	2	3	2	2	3	2	4	3	2	1	
			门窗竖向偏离中心	5	1	2	3	3	2	3	2	3	2	2	
			双层门窗内外框间距	4	2	1	2	4	2	2	2	3	2	2	
			同樘平开门窗相邻扇高度差	2	1	1	1	1	2	1	1	1	2	2	
			平开门窗铰链部位配合间隙	+2；−1	2	2	1	1	1	2	2	1	1		
			推拉门窗扇与框搭接量	+1.5；−2.5	1	1	1	1	1	1	1	1	1		
			推拉门窗扇与竖框平行度	2	1	1	1	2	2	1	1	1	2	1	

施工单位检查评定结果	专业工长（施工员）	×××	施工班组长	×××
	主控项目、一般项目全部合格，符合设计及施工质量验收规范要求，合格。			
	项目专业质量检查员：×××		××××年××月××日	
监理（建设）单位验收结论	同意验收。			
	专业监理工程师：×××			
	（建设单位项目专业技术负责人）×××		××××年××月××日	

注：1. 定性项目符合要求打√；

2. 定量项目加○表示超出企业标准，加△表示超出国家标准；

3. 最多不超过 20% 的检查点可以超过允许偏差值，但也不能超过允许偏差值的 150%。

【能力测试】

试述塑料门窗主要性能特点和安装要点。

【实践活动】

1. 组织参观门窗制作厂家，了解门窗生产制作过程。

2. 组织参观施工现场，在教师的指导下理解安装过程中每一道工序的质量控制要点，按国家标准逐项的对每一个门窗进行实测实量的质量验收。

3. 以 4 ～ 6 人为 1 个小组，在学校实训基地进行塑料门窗施工实训。

【活动评价】

学生自评 (20%)	规范选用 塑料门窗施工	正确☐ 合格☐	错误☐ 不合格☐
小组互评 (40%)	塑料门窗施工 工作认真努力，团队协作	合格☐ 很好☐ 一般☐	不合格☐ 较好☐ 还需努力☐
教师评价 (40%)	塑料门窗施工完成效果	优☐ 中☐	良☐ 差☐

模块 6
轻质隔墙工程施工

【模块概述】

在建筑中，用于分隔室内空间的非承重内墙统称为隔墙。作为非承重墙，其自身质量由楼板或墙下梁承受，因此设计时要求隔墙质量轻、厚度薄、便于安装和拆卸。同时，根据房间的使用特点，还要具备隔音、防水、防潮和防火等性能，以满足建筑的使用功能。在现代建筑装饰中，隔墙按构造方式不同可分为板材隔墙、骨架隔墙、活动隔墙和玻璃隔墙等。

【学习目标】

通过本模块的学习，你将能够：
1. 识读隔墙工程施工图纸；
2. 进行隔墙工程施工的具体操作。

项目 6.1 骨架隔墙工程施工

【项目描述】

骨架隔墙又称立筋隔墙，面板本身不具有必要的刚度，难以自立成墙，需要先制作一个骨架，再在其表面覆盖面板。其骨架统称为龙骨或墙筋。室内装饰工程中常见的骨架隔墙有：木骨架隔墙、轻钢龙骨骨架隔墙、铝合金骨架隔墙等。其构造分别是以木龙骨、轻钢龙骨、铝合金龙骨等为骨架，以纸面石膏板、人造木板、水泥纤维板等为墙面板。

【学习支持】

骨架隔墙工程相关规范

（1）《住宅室内装饰装修工程质量验收规范》JGJ/T 304−2013

（2）《建筑装饰装修工程质量验收规范》GB 50210−2018

（3）《住宅装饰装修工程施工标准》GB 50327−2001

【任务实施】

轻钢龙骨骨架隔墙是常用的一种隔墙，它采用轻钢龙骨，配以人造板制成，其构造如图 6-1 所示。

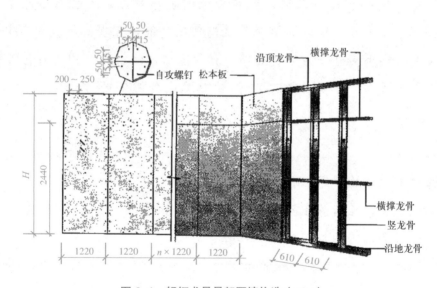

图 6−1 轻钢龙骨骨架隔墙构造（mm）

6.1.1 骨架隔墙施工准备

1. 材料准备

（1）轻钢龙骨分为 3 个系列：① C50 系列可用于层高 3.5m 以下的隔墙；② C75 系列可用于层高 3.5 ～ 6.0m 的隔墙；③ C100 系列可用于层高 6.0m 以上的隔墙。

按部位分为沿顶龙骨、沿地龙骨、加强龙骨、竖向龙骨、横撑龙骨。

（2）轻钢骨架配件：支撑卡、卡托、角托、连接件、固定件、护墙龙骨和压条等附件应符合设计要求。

（3）紧固材料：拉铆钉、膨胀螺栓、镀锌自攻螺丝、木螺钉和粘贴嵌缝材，应符合设计要求。

（4）填充隔声材料：玻璃棉、岩棉等应按设计要求选用。

（5）罩面板：如胶合板、纸面石膏板、硅钙板、塑铝板、纤维水泥板等。

2. 施工机具准备

（1）电动机具：电锯、镑锯、手电钻、冲击电锤、直流电焊机、切割机。

（2）手动工具：拉铆枪、手锯、钳子、锤、螺丝刀、扳子、线坠、靠尺、钢尺、钢水平尺等。

3. 作业条件

（1）轻钢骨架隔断工程施工前，应先安排外装，安装罩面板应待屋面、顶棚和墙体抹灰完成后进行。基底含水率已达到装饰要求，一般应小于8% ~ 12%，并经有关单位、部门验收合格。办理完工种交接手续。如设计有地枕时，地枕应达到设计强度后方可在上面进行隔墙龙骨安装。

（2）安装各种系统的管、线盒弹线及其他准备工作已到位。

6.1.2　轻钢龙骨人造板隔墙施工工艺

1. 工艺流程

定位、弹线→做墙垫→安装天地龙骨→安装竖向龙骨→安装门洞框→安装罩面板（一侧）→安装系统管线→安装隔声棉→安装罩面板（另一侧）

轻钢龙骨石膏板吊顶＿吊件加固与固定 –bim 模型

2. 施工要点

（1）定位、弹线

将隔墙位置准确地弹到地上，并引至相应的侧墙和顶棚上，作为安装沿顶、沿地和竖向龙骨的依据。

（2）做墙垫

先清理地面，后浇筑 C20 素混凝土墙垫，上表面平整，两侧垂直，高度和宽度由设计而定，无设计时按一般构造做法进行施工。

（3）安装天地龙骨

沿弹线位置固定沿顶和沿地龙骨，各自交接后的龙骨，应保持平直。固定点间距应不大于1000mm，龙骨的端部必须固定牢固。边框龙骨与基体之间，应按设计要求安装密封条。

（4）安装竖向龙骨

将轻钢竖龙骨上、下端分别插入沿顶、沿地龙骨内，并根据具体设计的要求，调整竖龙骨的间距，准确定位。竖龙骨必须垂直于沿顶龙骨及沿地龙骨，不得歪斜，所有竖龙骨表面应在同一垂直面内，不得有突出、凹进或其他不平之处，用抽芯铆钉将竖龙骨与沿顶沿地龙骨锚牢，竖龙骨间距一般为400～600mm。

在沿地、沿顶龙骨上分档画线，竖龙骨应从墙的一端开始排列，当隔墙上有门（窗）洞时，应从门（窗）洞向一侧或两侧排列，最后一根龙骨距墙或柱边尺寸大于规定的间距时，必须增设一根。龙骨上下两端除有另外的规定外，一般应与沿地、沿顶龙骨用铆钉或自攻螺钉固定。龙骨为定型产品，当在现场切断时，一律从龙骨上端开始，冲孔位置不能颠倒，确保冲孔位置在同一水平线上。如图6-2、图6-3所示为隔墙装修轻钢竖龙骨安装示意图。

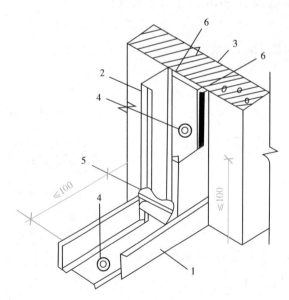

图6-2　沿地、沿墙龙骨与地、墙固定（mm）
1—沿地龙骨；2—竖向龙骨；3—墙或柱；4—射钉及垫板；
5—支撑卡；6—氯丁橡胶密封条

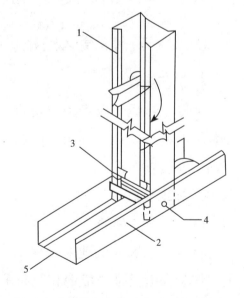

图6-3　竖龙骨与沿地、沿顶龙骨的连接固定
1—竖向龙骨；2—沿地龙骨；3—支撑卡；4—拉铆钉
或自攻螺钉；5—氯丁橡胶密封条

（5）安装门洞框

安装门窗洞口立柱与其他竖龙骨同时进行，并同时固定安装洞口水平龙骨，如图6-4所示。安装通贯横撑龙骨时，必须保证水平，卡距不得大于600mm。如有减振要求，应安装金属减振条，与竖龙骨垂直连接，用抽芯铆钉固定，间距不大于600mm。减振条接长的搭接长度不得大于600mm，且不小于100mm。

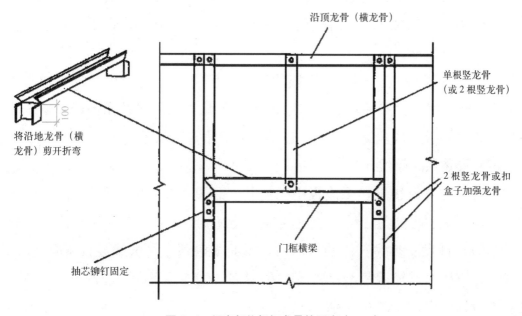

图6-4　门窗部位轻钢龙骨的固定（mm）

（6）安装罩面板

安装罩面板时，应先对埋在墙中的管道和有关附属设备采取局部加强措施，办理隐检手续，方可封板。

1）罩面板应竖向排列，采用自攻螺钉固定。隔墙两侧石膏板应错缝排列，隔声墙的底板与面板也应错缝排列。

2）根据设计的具体要求，绘制隔墙罩面板施工详图，将罩面板试拼、下料、编号，存放备用。

3）根据编号，顺序上墙，铺设于轻钢竖龙骨上，并用 $\phi 3.5mm \times 25mm$ 高强自攻螺钉将罩面板与竖龙骨锚牢，其施工应遵照下列规定：

①自攻螺钉的间距。在罩面板边，最大不得超过200mm，其他部分（中

间部分等）不得超过 300mm；螺钉距罩面板边的边距应为 10～15mm。所有自攻螺钉紧固后，钉孔须经防锈处理并用嵌缝石膏腻子封严嵌平（共涂 2 道腻子，比钉孔宽出 25mm 左右），干燥后用 2 号砂纸打平、磨光。

②板缝处理。罩面板的接缝处，应进行嵌缝处理。嵌缝的方法，因罩面板板边类型不同而不同。

③罩面板控制缝处理。凡面积较大的罩面板隔墙，每隔 12m 处应设 1 道控制缝，缝处设双竖向龙骨，间距为 10mm。两侧用控制接头连接。控制缝的主要作用是控制由于墙体过长而产生的不均匀变形和不均匀受力、墙体整体倾斜和整体变形。

④人造板隔墙易被碰坏、碰损的边角，应安装金属护角。金属护角用 12mm 长圆钉固定，然后用嵌缝腻子嵌填于护角之上，将护角盖严，腻子干燥后用 2 号砂纸将腻子磨平打光，但不得使护角露出腻子。

（7）安装系统管线

所有管道及电线等在罩面板中间安装，必须在一面的罩面板安装好后，立即安装管道、电线等。管道、电线等安装好随后进行验收，做好隐蔽工程记录，方可铺设安装另一侧的罩面板。罩面板内须穿过电线或设备管道时，电线可以直接穿过轻钢竖龙骨侧面的 H 形切口处进行布线，设备管道则应根据具体设计处理，如图 6-5 所示。

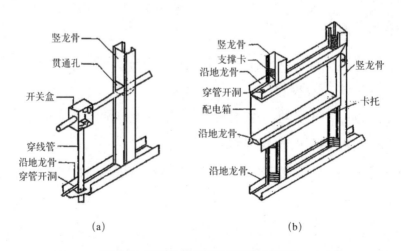

（a）　　　　　　　　　　　（b）

图 6-5　墙体内的接线盒及配电箱安装

【知识拓展】

6.1.3 人造板的质量控制

人造板必须有游离甲醛含量或游离甲醛释放量检测报告。如人造板面积大于 500m² 时（民用建筑工程室内）应对不同产品分别进行复检。如使用水性胶粘剂必须有 TVOC（总挥发性有机物，属于室内有害污染物）和甲醛检测报告。

人造板质量要求见表 6-1。

人造板及其制品中甲醛释放试验方法及限量值　　　　表 6-1

产品名称	试验方法	限量值	使用范围	限量标志
中密度纤维板、高密度纤维板、刨花板、定向刨花板等	穿孔萃取法	≤ 9mg /100g	可直接用于室内	E1
		≤ 30mg /100g	必须饰面处理后可允许用于室内	E2
胶合板、装饰单板贴面胶合板、细木工板等	干燥器法	≤ 1.5mg / L	可直接用于室内	E1
		≤ 5.0mg / L	必须饰面处理后可允许用于室内	E2
饰面人造板（包括浸渍纸层压地板、实木复合地板、竹地扳、浸渍胶膜纸饰面人造板等）	气候箱法	≤ 0.12mg / m³	可直接用于室内	E1
	干燥器法	≤ 1.5mg / L		

注：1. 仲裁时采用气候箱法；
　　2. E1 为可直接用于室内的人造板，E2 为经饰面处理后允许用于室内的人造板。

6.1.4 轻钢龙骨人造板隔墙施工中常见问题

隔墙施工中应表面平整、边缘整齐，不应有污垢、裂纹、缺角、翘曲、起皮、色差、图案不完整的缺陷。施工中常出现以下问题：

（1）饰面开裂

原因分析：

◆　罩面板边缘钉结不牢，钉距过大或有残损钉件未补钉。

◆ 接缝处理不当，未按板材配套嵌缝材料及工艺进行施工。

防控措施：

◆ 注意按规范铺钉。

◆ 按照具体产品选用配套嵌缝材料及施工技术。

◆ 对于重要部位的板缝采用玻璃纤维网格胶带代替接缝纸带。

◆ 填缝腻子及接缝带不宜自配自选。

（2）罩面板变形

原因分析：

◆ 隔断骨架变形。

◆ 板材铺钉时未按规范施工。

◆ 隔断端部与建筑墙、柱面的连接处处理不当。

防控措施：

◆ 隔断骨架必须经验收合格后方可进行罩面板铺钉。

◆ 板材铺钉时应由中间向四边顺序钉固，板材之间密切拼接，但不得强压就位，并注意保证错缝排布。

◆ 隔断端部与建筑墙、柱面的顶接处，宜留缝隙并采用弹性密封膏填充。

◆ 对于重要部位隔断墙体，必须采用附加龙骨补强，龙骨间的连接必须到位并铆接牢固。

【能力测试】

1. 简述骨架隔墙的构件组成。
2. 简述骨架隔墙所用材料的要求。
3. 简述骨架隔墙施工中使用的机械和工具。
4. 简述骨架隔墙的施工流程。

【实践活动】

试完成一面轻钢龙骨吸声板面隔墙施工。

【活动评价】

学生自评 （20%）	工艺流程 施工要点	正确☐ 合格☐	错误☐ 不合格☐
小组互评 （40%）	施工要点 工作认真努力，团队协作	合格☐ 很好☐ 一般☐	不合格☐ 较好☐ 还需努力☐
教师评价 （40%）	轻钢龙骨吸声板面隔墙施工完成效果	优☐ 中☐	良☐ 差☐

项目 6.2   板材隔墙工程施工

【项目描述】

板材隔墙是指将轻质的条板用胶粘剂拼合在一起形成的隔墙。即指不需要设置隔墙龙骨，由隔墙板材自承重，将预制或现制的隔墙板材直接固定于建筑主体结构上的隔墙工程。由于板材隔墙是用轻质材料制成的大型板材，施工中直接拼装而不依赖骨架，因此它具有自重轻、墙身薄、拆装方便、节能环保、施工速度快、工业化程度高等特点。本项目主要学习复合轻质板隔墙施工工艺。

【学习支持】

板材隔墙工程的相关规范

（1）《建筑装饰装修工程质量验收标准》GB 50210-2018

（2）《住宅装饰装修工程施工规范》GB 50327-2001

（3）《住宅室内装饰装修工程质量验收规范》JGJ/T 304-2013

【任务实施】

6.2.1 板材隔墙的构造

板材隔墙多采用条板，如加气混凝土条板、石膏条板、碳化石灰板、石膏珍珠岩板以及各种复合板（如纸面蜂窝板、纸面草板等）。条板厚度大多为 60 ~ 100mm，宽度为 600 ~ 1000mm，长度略小于房间净高。安装时，条板下部先用一对对口木楔顶紧，然后用细石混凝土堵严，板缝用粘结砂浆或胶粘剂进行粘结，并用胶泥刮缝，平整后再做表面装修。板材隔墙连接构造如图 6-6 所示。

6.2.2 板材隔墙施工准备

1. 材料准备

（1）复合轻质板

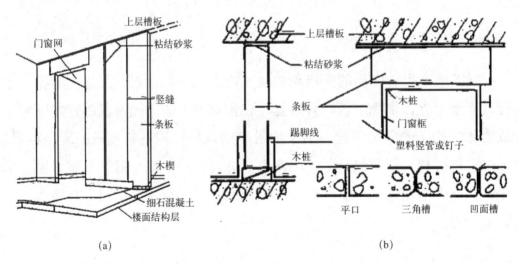

(a)   (b)

图 6-6 板材隔墙连接构造

(a) 板材隔墙排列；(b) 板材隔墙节点构造

◆ 金属夹芯板：金属面聚苯乙烯夹芯板、金属面硬质聚氨酯夹芯板、金属面岩棉矿渣棉夹芯板等。

◆ 其他复合板：蒸压加气混凝土板、玻璃纤维增强水泥轻质多孔（GRC）隔墙条板、轻质陶粒混凝土条板等。

◆ 辅助材料：水泥砂浆、胶粘剂、腻子、钢板卡、铝合金钉、铁钉、木楔、铁销、玻纤布条等。

（2）石膏空心板

◆ 石膏空心板：标准板、门框板、窗框板、门上板、窗上板及异形板等。

◆ 辅助材料：胶粘剂、建筑石膏粉、玻纤布条、钢板卡、射钉等。

（3）钢丝网水泥板

◆ 钢丝网水泥板：泰柏板、舒乐舍板等。

◆ 辅助材料：网片、槽网、$\phi 6 \sim \phi 10$ 钢筋、角网、U 形连接件、射钉、箍码、膨胀螺栓、钢丝、水泥砂浆、防裂剂等。

2. 施工机具准备

（1）安装复合轻质板机具准备

台式切锯机、锋钢锯、普通手锯、固定式摩擦夹具、转动式摩擦夹具、电动钻、撬棍、扫帚、水桶、钢丝刷、橡皮锤、木楔、扁铲、射钉枪、小灰槽、托线板、靠尺等。

（2）安装石膏空心板机具准备

搅拌器、胶料铲、平抹板、嵌缝枪、橡皮锤、螺钉旋具、剪刀、2m 靠尺、丁字尺、板锯、锉刀、边角刨、曲线锯、射钉枪、拉柳枪、电动冲击钻、羊角锤、打磨工具、刮刀等。

（3）安装钢丝网水泥板机具准备

切割机、剪刀、电动冲击钻、射钉枪、螺钉旋具、活动扳手、砂轮锯、手电钻、电焊机、抹灰工具、钢丝刷、小灰槽、靠尺、卷尺、钢尺、托线板等。

3. 作业条件

（1）主体结构已验收完毕。

（2）隔墙施工前，应对隔墙板材及其辅助材料进行检查。

（3）安装隔墙板材所需预埋件、连接件的位置、数量应符合设计要求。

（4）将隔墙板材等按需要数量运至楼层安装地点。在墙面弹出 +500mm 标高线。

（5）施工环境温度应不低于 5℃。

6.2.3 复合轻质板隔墙施工工艺

1. 工艺流程

基层清理→弹线、分档→配板、修补→配置胶粘剂→安装隔墙板→预埋件→电气设备安装→板缝处理→清理

2. 施工要点

（1）基层清理

清理隔墙板与顶面、地面、墙面的结合部位，凡凸出墙面的砂浆、混凝土块等必须剔除并扫净，结合部位应找平。

（2）弹线、分档

在地面、墙面及顶面根据设计位置，弹好隔墙边线及门窗洞口位置线，并按板宽分档。

（3）配板、修补

◆ 板的长度应为楼层结构净高尺寸减 20mm。

◆ 计算并测量门窗洞口上部及窗口下部的隔板尺寸，按此尺寸配备具有预埋件的门窗框板。

◆ 板的宽度与隔墙的长度不相适应时，应将部分板预先拼接加宽（或锯窄）成合适的宽度，放置于墙角处。

◆ 隔板安装前要进行选板，有缺棱掉角的需应用与板材材质相近的材料进行修补，未经修补的坏板或表面疏松的板不得使用。

（4）配置胶粘剂

条板与条板拼缝、条板顶端与主体结构粘结采用胶粘剂。复合轻质板隔墙胶粘剂一般采用厂家专用的胶粘剂。胶粘剂要随配随用，并应在 30min 内用完。配置时应注意建筑胶掺量要适当。

（5）安装隔墙板

按设计要求将钢板卡与预埋件连接，无预埋件时，应按设计要求设置后置埋件与钢板卡可靠连接。将板的上端面用胶粘剂粘一层 5mm 厚软质材料（橡胶条等）后，放入钢板卡内，用撬棍将板撬起，使板顶与钢板卡贴紧，板的一侧与主体结构或已安装好的另一块墙板贴紧，并在板下端留

20 ~ 30mm 缝隙，用木楔对楔背紧，撤出撬棍，板即固定，如图 6-7、图 6-8
所示。板与板间的拼缝，要满抹粘结砂浆或胶粘剂，拼接时要以挤出砂浆或
胶粘剂为宜，缝宽不得大于 5mm。在距板缝上、下各 1/3 处以 30°角斜向
钉入铁销或铁钉，如图 6-9 所示。在转角墙、T 形墙条板连接处，沿高度每
隔 700 ~ 800mm 钉入销钉或 $\phi 8$ 钢筋，钉入长度不小于 150mm，如图 6-10
所示，铁销和销钉应随条板安装随时钉入。墙板固定后，在板下填塞体积比
1：2 的水泥砂浆或细石混凝土，并应在一侧支模，以利于振捣密实，并用
靠尺检查墙面垂直与平整情况。隔墙板安装顺序应从门洞口处向两端依次进
行，门洞两侧宜用整块板，无门洞的墙体，应从一端向另一端顺序安装。

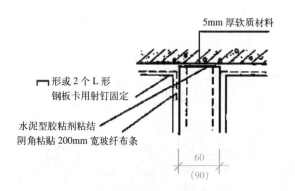

图 6-7 隔墙板上下部连接 (mm)

图 6-8 支设临时方木后的隔墙安装

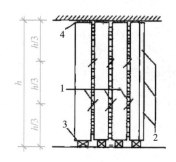

图 6-9 板与板之间的连接
1—铁销；2—转角处钉子；3—木楔；
4—粘结砂浆

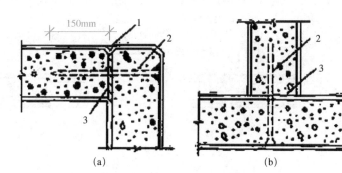

图 6-10 转角和丁字墙节点
(a) 转角墙；(b) 丁字墙
1—八字缝；2—用 $\phi 8$ 钢筋打尖并做防锈处理；3—粘结砂浆

（6）埋件、电气设备安装

按设计要求在条板上定位钻单面孔（不能开对穿孔），用水泥胶粘剂预

埋吊挂配件。在条板孔内敷设导管，对于非空心板可利用拉大板缝或开槽敷设导管，用水泥砂浆填实抹平。

（7）板缝处理

加气混凝土隔板，在填缝前应用毛刷蘸水湿润，填缝材料宜采用膨胀水泥砂浆。刮腻子之前，先用宽度100mm的网状防裂胶带粘贴在板缝处，然后用建筑胶将纤维布贴在板缝处刮平整；GRC空心混凝土隔板之间贴玻璃纤维网格条，第1层采用60mm宽的玻璃纤维网格条贴缝，贴缝胶粘剂应与板之间拼装的胶粘剂相同，待胶粘剂稍干后，再贴第2层宽度为150mm的玻璃纤维网格条，贴完后将胶粘剂刮平、刮干净；增强水泥条隔板、轻质陶粒混凝土隔板板缝、阴阳转角和门窗框边缝用水泥胶粘剂粘贴玻纤布条，如图6-11所示。

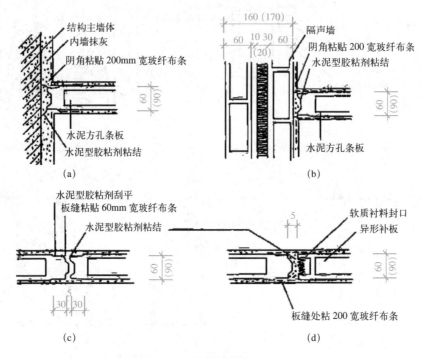

图6-11　墙体间连接（mm）

(a) 板与主墙连接；(b) 单层板与双层板隔声墙连接；

(c) 板与板连接；(d) 板与异形补缝连接

（8）清理

对施工现场进行清理，打扫干净。

【能力测试】

1. 板材隔墙施工中要用到哪些机械和工具？
2. 简述板材隔墙的施工要点。

【实践活动】

以 4～6 人为 1 个小组，在学校实训基地进行复合轻质板隔墙施工实训。

【活动评价】

学生自评 （20%）	规范选用	正确□	错误□
	复合轻质板隔墙施工	合格□	不合格□
小组互评 （40%）	复合轻质板隔墙施工	合格□	不合格□
	工作认真努力，团队协作	很好□	较好□
		一般□	还需努力□
教师评价 （40%）	复合轻质板隔墙施工完成效果	优□	良□
		中□	差□

项目 6.3 玻璃隔墙工程施工

【项目描述】

玻璃隔墙被广泛采用，具有抗风压性、寒暑性、冲击性好等优点，安全、牢固和耐用，钢化玻璃打碎后对人体的伤害比普通玻璃小很多。优质的玻璃隔墙工程应是采光好、隔声、防火佳、环保、易安装且玻璃可重复利用。

根据玻璃结构可划分为：单层玻璃隔墙、双层玻璃隔墙、夹胶玻璃隔墙、真空玻璃隔墙。

根据隔断材质可划分为：铝合金玻璃隔墙、不锈钢玻璃隔墙、纯钢化玻璃无框隔断、个性定制的混合主材和混合材料框架的新型玻璃隔墙、木龙骨玻璃隔墙、塑钢玻璃隔墙、钢铝结构玻璃隔墙。

根据铝型材框架材料尺寸可划分为：26 款玻璃隔墙、50 款玻璃隔墙、80 款玻璃隔墙、85 款玻璃隔墙、100 款玻璃隔墙等。

根据轨道形式可划分为：固定玻璃隔墙、移动玻璃隔墙、折叠玻璃隔墙。

根据高低尺寸可划分为：玻璃高隔墙，玻璃矮隔墙、屏风隔墙。

根据玻璃的特性可划分为：安全玻璃隔墙、防火玻璃隔墙、超白玻璃隔墙、防爆玻璃隔墙、艺术玻璃隔墙等。

【学习支持】

玻璃隔墙工程相关规范

（1）《建筑工程施工质量验收统一标准》GB 50300–2013

（2）《建筑装饰装修工程质量验收标准》GB 50210–2018

（3）《住宅室内装饰装修工程质量验收规范》JGJ/T 304–2013

【任务实施】

6.3.1　玻璃隔墙施工准备

1. 材料准备

（1）根据设计要求的各种玻璃、木龙骨（60mm×120mm）、玻璃胶、橡胶垫和各种压条。

（2）紧固材料：膨胀螺栓、射钉、自攻螺栓、木螺丝和粘贴嵌缝料，应符合设计要求。

（3）玻璃规格：厚度有 8、10、12、15、18、22mm 等，长宽根据设计要求确定。

2. 施工机具准备

（1）机械工具：电动气泵、小电锯、小台刨、手电钻、冲击钻等。

（2）手动工具：扫槽刨、线刨、锯、斧、刨、锤、螺丝刀、直钉枪、摇钻、线坠、靠尺、钢卷尺、玻璃吸盘、胶枪等。

3. 作业条件

（1）主体结构完成并交接验收，清理现场。

（2）砌墙时应根据顶棚标高在四周墙上预埋防腐木砖。

（3）隔断房间施工时，需在地面的湿作业工程前将直接接触结构的木龙骨安装完毕，木龙骨必须进行防火处理，并应符合有关防火规范的规定。直接接触结构的木龙骨应预先刷防腐漆。

6.3.2 玻璃隔墙施工工艺

1. 工艺流程

定位、弹线→安装电力管线及设施→安装大龙骨→安装小龙骨→防腐处理→安装玻璃→打玻璃胶→安装压条

2. 施工要点

（1）定位、弹线

根据楼层设计标高水平线，顺墙高量至顶棚设计标高，沿墙弹隔断垂直标高线及天地龙骨的水平线，并在天地龙骨的水平线上划好龙骨的分档位置线。

（2）安装大龙骨

◆ 天地龙骨安装：根据设计要求固定天地龙骨，如无设计要求时，可以用 $\phi 8 \sim \phi 12$ 膨胀螺栓或 $3 \sim 5$ 寸钉子固定，膨胀螺栓固定点间距 $600 \sim 800\text{mm}$。安装前作好防腐处理。

◆ 沿墙边龙骨安装：根据设计要求固定边龙骨，边龙骨应启抹灰收口槽，如无设计要求时，可以用 $\phi 8 \sim \phi 12$ 膨胀螺栓或 $3 \sim 5$ 寸钉子与预埋木砖固定，固定点间距 $800 \sim 1000\text{mm}$。安装前做好防腐处理。

（3）安装小龙骨

根据设计要求按分档线位置固定小龙骨，用扣榫或钉子固定。安装小龙骨前，可以根据安装玻璃的规格在小龙骨上安装玻璃槽。

（4）安装玻璃

根据设计要求将玻璃安装在小龙骨上。如用压条安装时先固定玻璃一侧的压条，并用橡胶垫垫在玻璃下方，再用压条将玻璃固定；如用玻璃胶

直接固定玻璃，应将玻璃先安装在小龙骨的预留槽内，然后用玻璃胶封闭固定。

（5）打玻璃胶

首先在玻璃上沿四周粘上纸胶带，根据设计要求将各种玻璃胶均匀地打在玻璃与小龙骨之间。待玻璃胶完全干后撕掉纸胶带。

（6）安装压条

根据设计要求将各种规格材质的压条用直钉或玻璃胶固定于小龙骨上。如设计无要求，可以根据需要选用 10mm×12mm 木压条、10mm×10mm 的铝压条或 10mm×20mm 不锈钢压条。

【知识拓展】

6.3.3　玻璃隔墙施工中常见质量问题及处理

（1）玻璃隔断整体歪斜，平整度、垂直度不满足设计及规范要求。

防治措施：弹线定位时应检查房间的方正、墙面的垂直度、地面的平整度及标高，考虑墙、顶、地的饰面做法和厚度，以保证安装玻璃隔断的质量。

（2）玻璃隔断整体晃动，密闭性差。

防治措施：框架应与结构连接牢固，四周与墙体的接缝用弹性密封材料填充密实，保证不渗漏。

（3）玻璃安装中脱落，损坏玻璃或砸伤施工人员。

防治措施：使用手持玻璃吸盘或玻璃吸盘机时，应事先检查吸附重量和吸附时间。

（4）玻璃橡胶密封条拉裂。

防治措施：玻璃橡胶密封条应具有一定的弹性，不可使用再生橡胶制作的密封条。

（5）玻璃受热膨胀而炸裂。

防治措施：加工玻璃前应计算好玻璃尺寸，并考虑留缝、安装及加垫等因素对玻璃加工尺寸的影响。

【能力测试】

一、单项选择题

1. 饰面材料与龙骨的搭接宽度应大于龙骨受力面宽度的（　　）。

    A. 1/4　　　　B. 2/3　　　　C. 3/5　　　　D. 1/2

2. 下列关于板材隔墙工程施工技术的叙述中不正确的是（　　）。

    A. 隔墙板材安装必须牢固

    B. 板材隔墙表面应平整光滑、色泽一致、洁净，接缝应均匀、顺直

    C. 板材隔墙安装应垂直、平整、位置正确，板材不应有裂缝或缺损

    D. 隔墙上的孔洞、槽、盒只要求其位置正确，其他不要求

3. 以轻钢龙骨为体系的骨架隔墙，当在轻钢龙骨上安装纸面石膏板时应用自攻螺钉固定，下列关于自攻螺钉固定钉距叙述不正确的是（　　）。

    A. 板中钉间距宜为 400 ~ 600mm

    B. 板中钉间距应小于或等于 300mm

    C. 螺钉与板边距离应为 10 ~ 15mm

    D. 沿石膏板周边钉间距不得大于 200mm

4. 玻璃板隔墙应用日益增多，玻璃板隔墙应使用（　　）玻璃。

    A. 彩色　　　　B. 喷漆　　　　C. 安全　　　　D. 压花

二、多项选择题

1. 轻质隔墙的特点是（　　）。

    A. 自重轻　　B. 墙身薄　　C. 拆装方便　　D. 保温好　　E. 隔声好

2. 轻质隔墙按构造方式和所用材料的种类不同可分为（　　）。

    A. 活动隔墙　　　　B. 混凝土隔墙　　　　C. 板材隔墙

    D. 骨架隔墙　　　　E. 玻璃隔墙

【实践活动】

1. 参观施工中（或施工完成）的玻璃隔断工程，对照技术规范要求，认知玻璃隔断安装要求，并判断其是否符合要求。

2. 以 4 ~ 6 人为 1 个小组，在学校实训基地进行玻璃隔断施工实训。

【活动评价】

学生自评 （20%）	工艺流程 施工要点	正确☐ 合格☐	错误☐ 不合格☐
小组互评 （40%）	施工要点 工作认真努力，团队协作	合格☐ 很好☐ 一般☐	不合格☐ 较好☐ 还需努力☐
教师评价 （40%）	玻璃隔断施工完成效果	优☐ 中☐	良☐ 差☐

模块 7
幕墙工程施工

【模块概述】

　　建筑幕墙是由支撑结构与面板组成的，悬挂在主体结构上，不承担主体结构荷载与作用的建筑外围护结构，将防风、遮雨、保温、隔热、防噪声、防空气渗透等使用功能与建筑装饰功能有机融合为一体。建筑幕墙打破了传统的建筑造型模式，窗与墙在外形上没有了明显的界线，丰富了建筑造型；建筑幕墙材料的质量一般为 $30 \sim 50kg/m^2$，是混凝土墙板的 $1/7 \sim 1/5$，大大减轻了围护结构的自重；建筑幕墙构件大部分是在工厂加工而成的，因而减少了现场安装操作的工序；建筑幕墙构件多由单元构件组合而成，局部有损坏也可以很方便地维修或更换，从而延长了幕墙的使用寿命。但是，幕墙造价较高，材料及施工技术要求高，有的幕墙材料如玻璃、金属等，存在对环境的光污染问题、易受大气污染、不易清洗且维护费用高等缺点，玻璃材料还容易因破损下坠伤及行人。因此，幕墙装饰工程的实施应慎重考虑，且必须执行严格的安全设计和施工管理。

　　建筑幕墙按骨架在外立面透明情况可分为明框幕墙、隐框幕墙、半隐框幕墙；按结构可分为骨架体系幕墙、单元式幕墙；按施工方法可分为直接式、骨架式、背挂式、粘贴式、元件式等；按幕墙所采用的饰面材料可分为玻璃幕墙、金属幕墙、石材幕墙等。

通过本模块的学习，你将能够：

1. 识读幕墙工程施工图纸；

2. 进行幕墙工程施工的具体操作。

项目 7.1　玻璃幕墙工程施工

【项目描述】

玻璃幕墙是用铝合金或其他金属轧成的空腹型杆件作骨架，以玻璃封闭而成的房屋围护墙，它将建筑美学、功能、技术和施工等因素有机地统一起来。玻璃幕墙建筑的外观可随着玻璃透明的不同和光线的变化产生动态的美感，色彩斑斓、变化无穷。现代化高层建筑的玻璃幕墙还采用了由镜面玻璃与普通玻璃组合，隔层中充入干燥空气的中空玻璃。中空玻璃有两层和三层之分，两层中空玻璃由两层玻璃加密封框架，形成一个夹层空间；三层玻璃则是由三层玻璃构成两个夹层空间。中空玻璃具有隔音、隔热、防结霜、防潮和抗风压强度大等优点。据测量，当室外温度为 $-10℃$ 时，单层玻璃窗前的温度为 $-2℃$，而使用三层中空玻璃的室内温度为 $13℃$。而在夏天，双层中空玻璃可以挡住 90% 的太阳辐射热。阳光依然可以透过玻璃幕墙，但晒在身上不会感到炎热。使用中空玻璃幕墙的房间可以做到冬暖夏凉，极大地改善了生活环境。特别是随着高层建筑的发展，玻璃幕墙的使用更加广泛，世界许多著名的高层建筑都采用玻璃幕墙，如美国芝加哥西尔斯大厦、德国法兰克福商业银行大厦、马来西亚佩重纳斯双塔、中国香港中国银行大厦、上海金茂大厦等，如图 7-1 所示。

图 7-1 世界著名高层玻璃幕墙建筑

(a) 德国法兰克福商业银行大厦;(b) 马来西亚佩重纳斯双塔;

(c) 上海金茂大厦;(d) 美国芝加哥西尔斯大厦;(e) 中国香港中国银行大厦

【学习支持】

7.1.1 玻璃幕墙工程相关知识

7.1.1.1 玻璃幕墙工程相关规范

(1)《建筑装饰装修工程质量验收规范》GB 50210-2018

(2)《建筑工程施工质量验收统一标准》GB 50300-2013

(3)《玻璃幕墙工程质量检验标准》JGJ/T 139-2020

(4)《玻璃幕墙工程技术规范》JGJ 102-2003

(5)《玻璃幕墙光学性能》GB/T 18091-2000

7.1.1.2 玻璃幕墙的分类及构造

玻璃幕墙按结构形式可分为框支承玻璃幕墙、全玻璃幕墙和点支承玻璃幕墙。

1. 框支承玻璃幕墙

框支承玻璃幕墙按幕墙形式可分为明框玻璃幕、隐框玻璃幕墙、半隐框玻璃幕墙。

（1）明框玻璃幕墙

明框玻璃幕墙是金属框架的构件显露于面板外表面的框支承玻璃幕墙，如图 7-2 所示。明框式玻璃幕墙的构造形式有 5 种：元件式（分件式）、单元式（板块式）、元件单元式、嵌板式、包柱式。在此仅介绍元件式玻璃幕墙与单元式玻璃幕墙的有关构造。

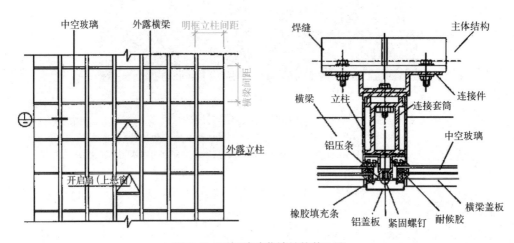

图 7-2　明框玻璃幕墙结构体系图

◆　元件式（分件式）玻璃幕墙构造

该幕墙用 1 根元件（竖梃、横梁）安装在建筑物主体框架上形成框格体系，再将金属框架、玻璃、填充层和内衬墙，按一定顺序进行组装。目前采用布置比较灵活的竖梃方式较多。元件式玻璃幕墙如图 7-3 所示。

◆　单元式（板块式）玻璃幕墙构造

单元式（板块式）玻璃幕墙是基于玻璃、铝框、保温隔热材料组装成的一块块幕墙定型单元，安装时将单元组件固定在楼层楼板（梁）上，组件的竖边对扣连接下一层组件的顶与上一层组件的底，其横框对齐连接。如图 7-4 所示为单元式（板块式）玻璃幕墙示意图。

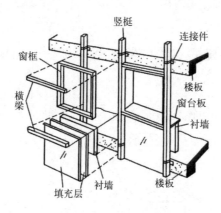

图 7-3 元件式玻璃幕墙

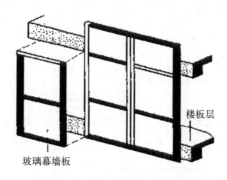

图 7-4 单元式（板块式）玻璃幕墙

　　为了起到防震和适应结构变形的作用，幕墙板与主体结构的连接应考虑柔性连接。幕墙板之间必须留有一定的变形缝隙，空隙之间用 V 形和 W 形胶条封闭，如图 7-5 所示。

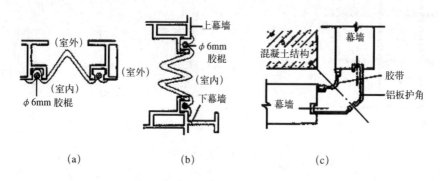

图 7-5 幕墙之间的胶带封闭构造

（a）V 形胶带用于垂直方向；（b）W 形胶带用于水平方向；（c）V 形胶带用于转角方向

（2）隐框玻璃幕墙

隐框玻璃幕墙是金属框架的构件完全不显露于面板外表面的框支承玻璃幕墙。

玻璃框和铝合金框格体系均隐藏在玻璃后面，幕墙全部荷载均由玻璃通过胶传给铝合金框架，如图 7-6 所示。

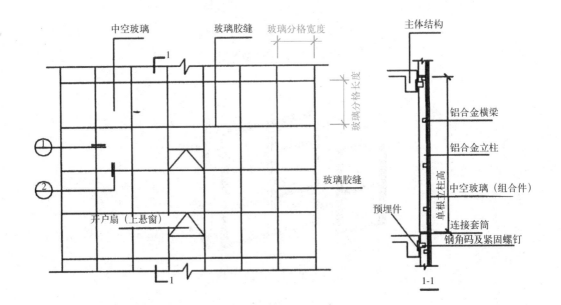

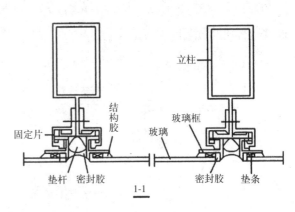

图 7-6　隐框玻璃幕墙

（3）半隐框玻璃幕墙

半隐框玻璃幕墙是指金属框架的竖向或横向构件显露于面板外表面的框支承玻璃幕墙。

◆ 半隐框（竖隐横不隐）玻璃幕墙

立柱隐在玻璃后面，玻璃安放在横梁的玻璃镶嵌槽内，镶嵌槽外加盖铝合金压板，如图 7-7 所示。

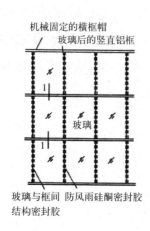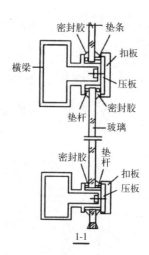

图 7-7　半隐框（竖隐横不隐）玻璃幕墙

◆ 半隐框（横隐竖不隐）玻璃幕墙

幕墙玻璃横向用结构胶粘贴方式在车间制作后运至现场，竖向采用玻璃镶嵌槽内固定，镶嵌槽外竖边用铝合金压板固定，如图 7-8 所示。

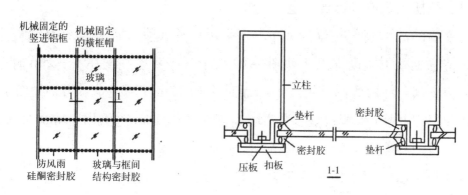

图 7-8　半隐框（横隐竖不隐）玻璃幕墙

2. 全玻璃幕墙

全玻璃幕墙（无骨架玻璃幕墙）是指面板和肋均为玻璃的幕墙，玻璃既是饰面，又是承受自重和风载的结构构件。面板和肋之间用透明硅酮结构密封胶粘结，幕墙完全透明，能创造出一种独特的通视效果。

全玻璃幕墙可分为坐落式和吊挂式两种。

（1）坐落式全玻璃幕墙的构造

幕墙的高度较低时，采用坐落式全玻璃幕墙，其通高玻璃板和玻璃肋上下均镶嵌在槽内，构造简单，造价相对较低。坐落式全玻璃幕墙的构造为：上下金属夹槽、玻璃板、玻璃肋、弹性垫块、聚乙烯泡沫垫杆或橡胶嵌条、连接螺栓、硅酮结构胶及耐候胶等，如图 7-9 所示。

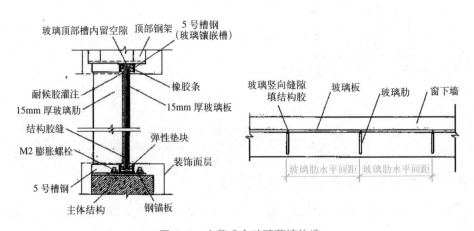

图 7-9　坐落式全玻璃幕墙构造

（2）吊挂式全玻璃幕墙构造

当幕墙的玻璃高度超过 4m 时，宜采用吊挂式全玻璃幕墙，幕墙应吊挂在主体结构上，下端设支点。如图 7-10 所示。当幕墙高度在 4～5m 时采用 10mm 厚玻璃；当幕墙高度在 5～6m 时采用 12mm 厚玻璃；当幕墙高度在 6～8m 时采用 15mm 厚玻璃；当幕墙高度在 8～10m 时采用 19mm 厚玻璃。吊挂式全玻璃幕墙构造复杂，工序多，故造价较高。

为增强幕墙的刚度和在风荷载下的安全稳定，除要求玻璃应有足够的厚度外，应设置与面玻璃垂直的玻璃肋。玻璃肋的设置方式有 3 种，如图 7-11 所示。

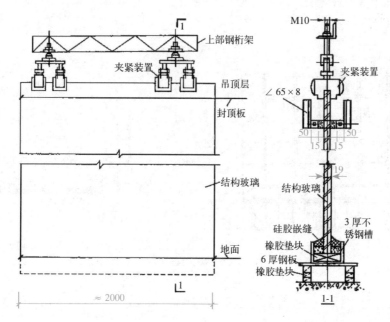

图 7-10 吊挂式全玻璃幕墙构造（mm）

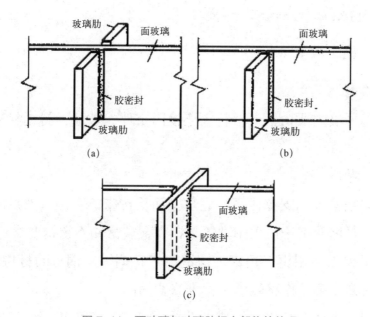

(a)   (b)

(c)

图 7-11 面玻璃与玻璃肋相交部位的处理

(a) 玻璃肋两侧布置；(b) 玻璃肋单侧布置；(c) 玻璃肋穿过面玻璃

3. 点支承玻璃幕墙

点支承玻璃幕墙又称点式玻璃幕墙，采用四爪式不锈钢挂件与立柱相焊接，玻璃四角在厂家钻 $\phi 20$ 孔，挂件的每个爪与 1 块玻璃的 1 个孔相连接，1 块玻璃固定于 4 个挂件上，

点式玻璃幕墙
施工工艺

如图 7-12 所示。

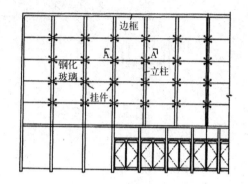
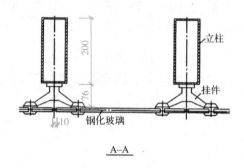

图 7-12　点支承玻璃幕墙构造（mm）

【任务实施】

7.1.2　有框玻璃幕墙工程施工

7.1.2.1　施工准备

1. 材料准备

有框玻璃幕墙主要由框架材料、连接固定件、玻璃、封缝材料及装饰件组成。

（1）框架材料

幕墙骨架是幕墙的支撑体系，它承受面层传来的荷载，然后将荷载传递给主体结构。幕墙骨架一般采用型钢、铝合金型材和不锈钢型材等材料。

型钢多采用工字型钢、角钢、槽钢、方管钢等，钢材的材质以 Q235 为主，这类型材强度高、价格较低，但维修费用高。

铝合金型材多为经特殊挤压成型并经阳极氧化着色表面处理的铝镁合金（LD31）型材。型材规格及断面尺寸是根据骨架所处位置、受力特点和大小而确定的，这类型材价格较高，但构造合理，安装方便，装饰效果好。

不锈钢型材宜采用奥氏体不锈钢，且含镍量不小于 8%。幕墙吊挂处的钢型材的壁厚不小于 3.5mm。一般采用不锈钢薄板压弯或冷轧制造成钢框格或竖框，其造价高，规格少。

金属材料和零件附件除不锈钢外，钢材表面应进行表面热浸镀锌处理、无机富锌涂料处理。

（2）连接固定件

连接件多采用角钢、槽钢、钢板加工而成，其形状因应用部位的不同和用于幕墙结构的不同而变化。连接件应选用镀锌件或者对其进行防腐处理，以保证其具有较好的耐腐蚀性、耐久性和可靠性。

固定件主要有金属膨胀螺栓、普通螺栓、拉铆钉、射钉等。

一般多采用角钢垫板和螺栓，采用螺栓连接可以调节幕墙变形，如图 7-13 所示。

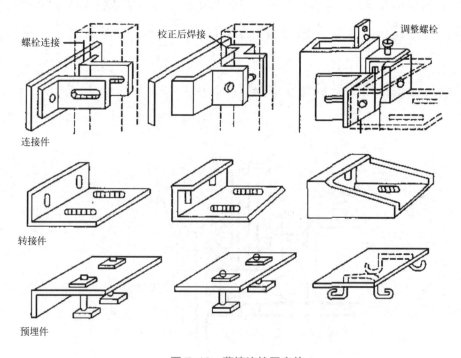

图 7-13　幕墙连接固定件

（3）玻璃

应根据功能要求选用安全玻璃（钢化和夹层玻璃）、中空玻璃、吸热玻璃、防火玻璃等，幕墙玻璃的厚度不小于 6mm，全玻璃幕墙玻璃的厚度不小于 12mm。中空玻璃应采用双道密封。

（4）封缝材料

封缝材料是用于幕墙与框格、框格与框格之间缝隙的材料，如填充材料、密封材料和防水材料等。

填充材料主要用于幕墙型材凹槽两侧间隙内的底部，起填充作用，以避免玻璃与金属之间的硬性接触，起缓冲作用。一般多为聚乙烯泡沫胶系，也可用橡胶压条。

密封材料常采用橡胶密封条，嵌入玻璃两侧的边框内，起密封、缓冲和固定压紧的作用。密封材料宜采用三元乙丙、氯丁橡胶及硅橡胶的压模成型产品；密封胶条应采用挤出成型产品，并符合现行标准。

防水材料主要用于封闭缝隙和粘结，常用的是硅酮系列密封胶。在玻璃装配中，硅酮胶常与橡胶密封条配合使用，内嵌橡胶条，外封硅酮胶。隐框、半隐框幕墙所采用的结构粘结材料必须是中性硅酮结构密封胶，其性能必须符合《建筑用硅酮结构密封胶》GB 16776-2005 的规定，并在有效期内使用。

玻璃与金属框格的缝隙处理如图 7-14 所示。

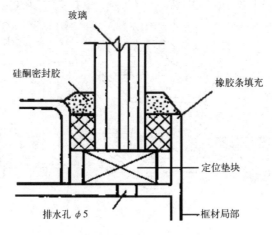

图 7-14　玻璃与金属框格的缝隙处理

（5）装饰件

装饰件主要包括后衬墙（板）、扣盖件，以及窗台、楼地面、踢脚、顶棚等与幕墙相接处的构件，起装饰、密封与防护的作用。

2. 技术准备

（1）熟悉图纸，仔细阅读生产厂家所提供的幕墙玻璃施工技术要求和注意事项。

（2）编制施工方案并经审查批准。按批准的施工方案进行技术交底。

（3）幕墙工程施工前应做样板间（墙），并经有关各方确认。

3. 施工机具准备

（1）常用机具

电动螺丝刀、电动冲击钻、电动扳手、电动自攻螺钉钻、拉铆枪等。

（2）常用测量与检测仪器

经纬仪：用于检查立柱等竖向构件的垂直度。

水准仪：用于测量标高和提供水平线等。

方尺：用于检查阴阳角方正度。

力矩扳手：用于检查螺栓的扭矩。

钢卷尺：用于测量距离。

垂直检测尺：用于检查构件的垂直度。

水平尺：用于检查构件的水平度。

4. 作业条件

（1）幕墙应在主体结构施工完毕后开始施工。对于高层建筑的幕墙，如因工期需要，应在保证质量与安全的前提下，可按施工组织设计沿高度方向分段施工。在与上部主体结构进行立体交叉施工幕墙时，结构施工层下方及幕墙施工的上方，必须采取可靠的防护措施。

（2）幕墙施工时，原主体结构施工搭设的外脚手架宜保留，并根据幕墙施工的要求进行必要的拆改（脚手架内层距主体结构不小于 300mm）。如采用吊篮安装幕墙，吊篮必须安全可靠。

（3）幕墙施工时，应配备安全可靠的起重吊装工具和设备。

（4）当装修分项工程会对幕墙造成污染或损伤时，应将该项工程安排在幕墙之前施工，或应对幕墙采取可靠的保护措施。

（5）不应在大风大雨天气下进行幕墙的施工。当气温低于 –5℃ 时不得进行玻璃安装，不应在雨天进行密封胶施工。

（6）应在主体结构施工时控制和检查固定幕墙的各层楼（屋）面的标高、边线尺寸和预埋件位置的偏差，并在幕墙施工前对其进行检查与测量。当结构边线尺寸偏差过大时，应先对结构进行必要的修正；当预埋件位置偏差过大时，应调整框料的间距或修改连接件与主体结构的连接方式。

5. 施工组织及人员准备

专业技术人员应配置合理，已组织劳动力进场。专业技术人员和特殊工种必须持证上岗，并应进行岗前培训。

7.1.2.2 玻璃幕墙施工工艺

半隐式玻璃幕墙
施工工艺

1. 工艺流程

测量、放线→幕墙立柱安装→幕墙横梁安装→幕墙立柱的调整、紧固→玻璃安装→密封→清理

2. 施工要点

（1）测量、放线

根据建筑物轴线弹出纵横轴基准线和水平标高线。幕墙分格轴线的测量放线应与主体结构测量放线相配合，水平标高要逐层从地面引上，以免误差积累。

立柱与主体结构锚固，其位置必须准确；横梁以立柱为依托，在立柱布置完毕后再安装，所以横梁的弹线可推后进行。

在测量放线的同时，应对预埋件的偏差进行检查，标高允许偏差 ±10mm，与设计位置允许偏差 ±20mm。超差的预埋件必须办理设计变更，与设计单位洽商后，进行适当的处理后方可进行安装施工。

（2）幕墙立柱安装

先将连接件与幕墙柱连接，然后以基准线为准，确定好立柱位置。在调整垂直后，把连接件与表面清理干净的结构预埋件临时点焊在一起。若结构没有预埋件，可用膨胀螺栓把立柱与结构连接起来。施工时应注意：连接件与预埋件连接时，必须保证焊接质量，每条焊缝的长度、高度及焊条型号必须符合焊接质量要求。采用膨胀螺栓时，钻孔应避开钢筋，螺栓埋入深度应能满足规定的抗拔能力。连接件一般为型钢，形状随幕墙结构立柱形式变化和位置变化而不同。

安装前应认真核对立柱的规格、尺寸、数量、编号是否与施工图纸一致。连接件安装后可进行立柱的安装，立柱一般每 2 层 1 根，上、下立柱之间应留有不小于 20mm 的缝隙，闭口型材可采用长度不小于 250mm 的芯柱连接，芯柱与立柱应紧密配合。

立柱通过紧固件与每层楼板连接，如图 7-15（b）所示。每根立柱安装完后，即用水平仪调平、固定。立柱全部安装完毕，复验其间距、垂直度后，即可安装横梁。由于要考虑型材的热胀冷缩，每根立柱之间通过一个内衬套管连接，上下两段竖梃之间必须留 15～20mm 的伸缩缝，并用密封胶堵严。

立柱安装轴线前后偏差不应大于 2mm，左右偏差不应大于 3mm，标高偏差不应大于 3mm。相邻立柱安装标高偏差不应大于 3mm，同层立柱的最大标高偏差不应大于 5mm；相邻立柱的距离偏差不应大于 2mm。立柱安装就位后应及时调整、紧固，临时螺栓在紧固后应及时拆除。

立柱按偏差要求初步定位，然后进行检查验收，合格后正式焊接牢固，同时做好防腐处理。立柱安装牢固后，必须取掉上下立柱之间用于定位伸缩缝的标准块，并在伸缩缝处打密封胶。

在安装立柱的同时应按设计要求进行防雷体系的可靠连接。

（3）幕墙横梁安装

将横梁两端的连接件及弹性橡胶垫安装在立柱的预定位置，需安装牢固，接缝严密。同一层的横梁安装应由下向上进行。当安装完一层横梁时，应进行检查、调整、校正、固定，使其符合质量要求。同时横梁与立柱接缝处应打与立柱、横梁颜色相近的密封胶。

如果横竖杆件均是型钢一类的材料，可以采用焊接，也可以采用螺栓或其他方法连接。在采用铝合金横立柱型材时，两者间的固定多采用角钢或角铝作为连接件。相邻两横梁水平标高偏差不大于 1mm。同层横梁的标高偏差，当幕墙宽度小于等于 35m 时，不大于 5mm；当幕墙宽度大于 35m 时，不大于 7mm。

角钢或角铝应各有一肢固定横立柱，如图 7-15 所示。

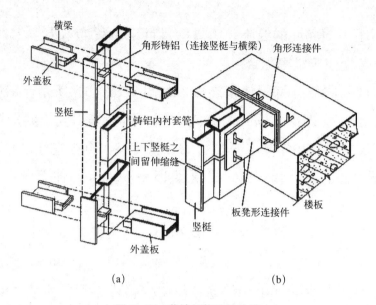

图 7-15　幕墙铝框连接构造

(a) 竖梃与横梁的连接；(b) 竖梃与楼板的连接

（4）幕墙立柱的调整、紧固

玻璃幕墙立柱、横梁全部就位后，应再做一次整体检查，对立柱局部不合适的地方做最后调整，使其达到设计要求，并对临时点焊的部位进行正式焊接。紧固连接螺栓，对没有防松措施的螺栓均需点焊防松，且在所有焊缝清理干净后作防锈处理。玻璃幕墙中与铝合金接触的螺栓及金属配件应采用不锈钢或轻金属制品，不同金属的接触面应采用垫片做隔离处理。

（5）玻璃安装

玻璃安装前应将表面尘土和污物擦拭干净。热反射玻璃安装应将镀膜面朝向室内，非镀膜面朝向室外，玻璃与构件不得直接接触。玻璃四周与构件凹槽底应保持一定空隙，每块玻璃下应设不少于两块弹性定位垫块；垫块宽度与槽口宽度应相同，长宽不小于100mm，并用胶条或密封胶将玻璃与槽口两侧之间进行密封。玻璃两边嵌入量及空隙应符合设计要求，玻璃四周橡胶条应按规定型号选用，镶嵌应平整，橡胶条长度宜比边框内框口长1.5%～2%，其断口应留在四角。斜面断开后应拼成预定的设计角度，并应用胶粘剂粘结牢固后嵌入槽内，在橡胶条缝隙中均匀注入密封胶，并及时清理缝外多余胶粘剂。

立柱安装玻璃时，先将内侧安上铝合金压条，然后将玻璃放入凹槽内，再用密封材料密封。安装构造如图 7-16 所示。

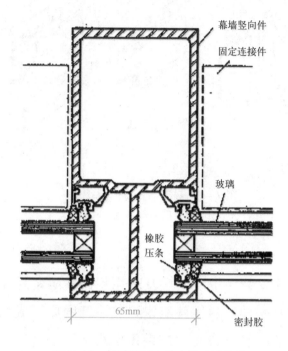

图 7-16　玻璃幕墙立柱安装玻璃构造

横梁装配玻璃与立柱在构造上不同，横梁支承玻璃的部分呈倾斜状态，要排除因密封不严流入凹槽内的雨水，外侧须用一条盖板封住。安装构造如图 7-17、图 7-18 所示。

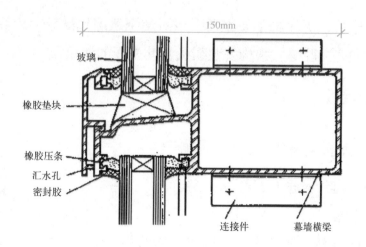

图 7-17　玻璃幕墙横梁安装玻璃构造

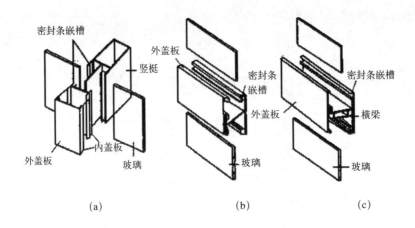

图 7-18　玻璃幕墙铝框型材断面

(a) 竖梃；(b) 横梁之一；(c) 横梁之二

（6）密封

玻璃或玻璃组件安装完毕后，应及时用耐候硅酮密封胶嵌缝，以保证玻璃幕墙的气密性和水密性。耐候硅酮密封胶在缝内应形成相对两面粘结，不得三面粘结，较深的密封槽口底部应采用聚乙烯发泡材料填塞。耐候硅酮密封胶的施工厚度应大于 3.5mm，施工宽度不应小于厚度的 2 倍。注胶后应将胶缝表面刮平，刮掉多余的密封胶。

（7）清洁

安装幕墙过程中应及时清除幕墙及构件表面的粘附物、灰尘等。玻璃幕墙的玻璃安装完后，应用中性清洁剂和水对有污染的玻璃和铝型材进行清洗。安装完毕后，拆除脚手架之前，应对整个幕墙作最后一次检查，保证玻璃幕墙安装和密封胶缝、结构安装质量及其表面的洁净。

【知识拓展】

7.1.3　无框全玻璃幕墙工程施工

无框全玻璃幕墙施工要点：

1. 定位放线

无框全玻璃幕墙是直接将玻璃与主体结构固定，应首先将玻璃的位置弹到地面上，再根据外缘尺寸确定锚固点。

全玻璃幕墙
施工工艺

2. 上部承重钢构件安装

（1）注意检查预埋件或锚固钢板的牢固，选用的锚栓质量要可靠，锚栓位置不宜靠近钢筋混凝土构件的边缘，钻孔孔径和深度要符合锚栓厂家的技术规定，孔内灰渣要清吹干净。

（2）构件安装位置和高度应严格按照设计图纸要求进行放线定位。最主要的是承重钢横梁的中心线必须与幕墙中心线相一致，并且椭圆螺孔中心要与设计的吊杆螺栓位置一致。

（3）内金属扣夹安装必须通顺平直。要用分段拉通线校核，对焊接造成的偏位要进行调直。外金属扣夹要按编号对号入座试拼装，同样要求平直。内外金属扣夹的间距应均匀一致，尺寸符合设计要求。

（4）所有钢结构焊接完毕后，应进行隐蔽工程质量验收，请监理工程师验收签字，验收合格后再涂刷防锈漆。

3. 下部和侧边边框安装

严格按照放线定位和设计标高施工，在所有钢结构表面和焊缝处刷防锈漆。将下部边框内的灰土清理干净。在每块玻璃的下要放置不少于 2 块氯丁橡胶垫块，垫块宽度同槽口宽度，长度不应小于 100mm。

4. 玻璃安装就位

（1）玻璃吊装。

大型玻璃的安装需要细致、精确的组织施工。施工前要检查每个工位的人员到位，各种机具工具是否齐全正常，安全措施是否可靠。高空作业的工具和零件要有工具包和可靠放置，防止物件坠落伤人或击破玻璃。待一切检查完毕后方可吊装玻璃。

◆　再一次检查玻璃的质量，尤其要注意玻璃有无裂纹和崩边，吊夹铜片位置是否正确。用干布将玻璃的表面浮灰抹净，用记号笔标注玻璃的中心位置。

◆　安装电动吸盘机。电动吸盘机必须定位，左右对称，且略偏玻璃中心上方，使起吊后的玻璃不会左右偏斜，也不会发生转动。

◆　试起吊。电动吸盘机必须定位，然后将玻璃试吊起 2 ～ 3cm，以检查各个吸盘是否都牢固吸附玻璃。

◆ 在玻璃适当位置安装手动吸盘、拉缆绳索和侧边保护胶套。玻璃上的手动吸盘可在玻璃就位时，使不同高度工作的工人都能用手协助玻璃就位。拉缆绳索是为了玻璃在起吊、旋转、就位时，工人能控制玻璃的摆动，防止玻璃因受风力和吊车转动失控。

◆ 在安装玻璃处上下边框的内侧粘贴低发泡间隔方胶条，胶条的宽度与设计的胶缝宽度相同。粘贴胶条时要留出足够的注胶厚度。

（2）玻璃就位。

◆ 吊车将玻璃移近就位后，司机要听从信号工的命令操纵吊车，使玻璃对准位置徐徐靠近。

◆ 上层工人要把握好玻璃，防止玻璃在升降移位时碰撞钢架。待下层各工位工人都能握住手动吸盘后，可将拼缝一侧的保护胶套摘去。利用吊挂电动吸盘的手动倒链将玻璃徐徐吊高，使玻璃下端超出下部边框少许。此时，下部工人要及时将玻璃轻轻拉入槽口，并用木板隔挡，防止与相邻玻璃碰撞。另外，有工人用木板依靠玻璃下端，保证在倒链慢慢下放玻璃时，玻璃能被放入到底框槽口内，要避免玻璃下端与金属槽口磕碰。

◆ 玻璃定位。安装好玻璃吊夹具，吊杆螺栓应放置在标注在钢横梁上的定位位置。反复调节杆螺栓，使玻璃提升和正确就位。第 1 块玻璃就位后要检查玻璃侧边的垂直度，以后就位的玻璃只需检查与已就位的玻璃上下缝隙是否相等，且符合设计要求。

◆ 安装上部外金属夹扣后，填塞上下边框外部槽口内的泡沫塑料圆条，临时固定安装好的玻璃。

5. 注密封胶

（1）所有注胶部位的玻璃和金属表面都要用丙酮或专用清洁剂擦拭干净，不能用湿布和清水擦洗，注胶部位表面必须干燥。

（2）沿胶缝位置粘贴胶带纸带，防止硅胶污染玻璃。

（3）要安排受过训练的专业注胶工施工，注胶时应内外方向同时进行，注胶要匀速、匀厚，不夹气泡。

（4）注胶后用专用工具刮胶，使胶缝呈微凹曲面。

（5）注胶工作不能在风雨天进行，防止雨水和风沙侵入胶缝。另外，注胶也不宜在低于 5℃ 的低温条件下进行，温度太低胶液会发生流淌、延缓固化时间，甚至会影响拉伸强度。严格遵照产品说明书要求施工。

（6）耐候硅酮嵌缝胶的施工厚度应为 35～45mm，太薄的胶缝对保证密封质量和防止雨水不利。

（7）胶缝的宽度通过设计计算确定，最小宽度为 6mm，常用宽度为 8mm，当风荷载较大或地震设防要求较高时，可采用 10mm 或 12mm。

（8）结构硅酮密封胶必须在产品有效期内使用，施工验收报告要有产品证明文件和记录。

6. 表面清洁和验收

（1）将玻璃内外表面清洗干净。

（2）再一次检查胶缝并进行必要的修补。

（3）整理施工记录和验收文件，积累经验和资料。

【能力测试】

1. 玻璃幕墙按结构形式可分为_____、_____和_____。

2. 有框玻璃幕墙主要由_____、_____、_____、_____及装饰件组成。

【实践活动】

参观施工中（或施工完成）的玻璃幕墙工程，对照技术规范要求，认知玻璃幕墙的组成构件的名称、作用、安装要求，并判断其是否符合要求。

项目 7.2　金属幕墙工程施工

【项目描述】

金属幕墙是将玻璃幕墙中的玻璃更换为金属板材的一种幕墙形式。由于金属板材的优良的加工性能，色彩的多样性及良好的安全性，能完全适应各种复杂造型的设计，可以任意增加凹进和凸出的线条，而且可以被加工成各种形式的曲线线条，给建筑师以巨大的发挥空间，备受建筑师的青睐，因而获得了突飞猛进的发展。金属板材还具有强度高、质量轻、抗震好、板面平整无瑕疵、生产周期短，可进行工厂化生产、防火性能好、安装和维修方便等优点，目前金属幕墙已广泛适用于各种工业与民用建筑。

【学习支持】

金属幕墙工程相关规范

（1）《建筑工程施工质量验收统一标准》GB 50300-2013

（2）《建筑装饰装修工程质量验收标准》GB 50210-2018

（3）《金属与石材幕墙工程技术规范》JGJ 133-2001

【任务实施】

7.2.1　施工准备

1. 材料准备

金属幕墙由金属饰面板、连接件、金属骨架、预埋件、密封条和胶缝等组成。

金属幕墙的金属饰面板种类很多，按照材料可以分为单一材料板和复合材料板；按照板面的形状可以分为光面平板、纹面平板、压型板、波纹板和立体盒板等。常用的金属饰面板有单层铝板、铝塑复合板、搪瓷板、烤漆板、镀锌板、蜂窝铝板，还有价格较昂贵的不锈钢板（有镜面不锈钢板和彩色不锈钢板）等。除不锈钢外，钢材应进行表面热镀锌处理或其他有效防腐措施，铝合金应进行表面阳极氧化处理。

单层铝板采用 2.5mm 或 3mm 厚铝合金板，外幕墙用单层铝板表面与铝复合板正面涂膜材料一致，膜层坚韧性、稳定性、附着力和耐久性完全一致。单层铝板是继铝复合板之后的又一种金属幕墙常用面板材料，而且应用的越来越多。

铝塑复合板是由内外两层均为 0.5mm 厚的铝板中间夹持 2~5mm 厚的聚乙烯或硬质聚乙烯发泡板构成，板面涂有氟碳树脂涂料，形成一种坚韧、稳定的膜层，附着力和耐久性非常强，色彩丰富，板的背面涂有聚酯漆以防止可能出现的腐蚀。铝塑复合板是金属幕墙早期出现时常用的面板材料。

蜂窝铝板是两块铝板中间加蜂窝芯材粘结成的 1 种复合材料。根据幕墙的使用功能和耐久年限的要求可分别选用厚度为 10mm、12mm、15mm、20mm 和 25mm 的蜂窝铝板，如图 7-19 所示。厚度为 10mm 的蜂窝铝板应由 1mm 的正面铝板和 0.5～0.8mm 厚的背面铝合金板及铝蜂窝粘结而成，厚度在 10mm 以上的蜂窝铝板，其正面及背面的铝合金板厚度均应为 1mm。幕墙用蜂窝铝板的应为铝蜂窝，蜂窝的形状有正六角形、扁六角形、长方形、正方形、十字形、扁方形等，蜂窝芯材要经特殊处理，否则其强度低、寿命短，如对铝箔进行化学氧化，其强度及耐蚀性能会有所增加。蜂窝芯材除铝箔外还有玻璃钢蜂窝和纸蜂窝，但实际中较少使用。由于蜂窝铝板的造价很高，所以用量不大。

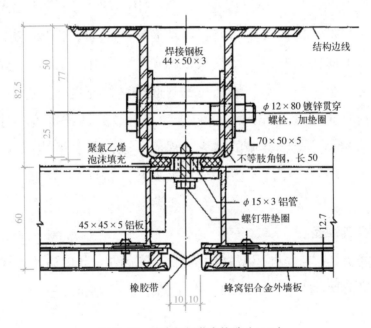

图 7-19 蜂窝铝板节点构造（mm）

夹芯保温铝板与铝蜂窝板和铝复合板形式类似，只是中间的芯层材料不同，夹芯保温铝板芯层采用的是保温材料（岩棉等）。由于夹芯保温铝板价格很高，而且用其他铝板内加保温材料也能达到与夹芯保温铝板相同的保温效果，所以目前夹芯保温铝板用量不大。

不锈钢板有镜面不锈钢板、亚光不锈钢板、钛金板等。不锈钢板的耐久、耐磨性非常好，但过薄的板会鼓凸，过厚的自重和价格又非常高，所以不锈钢板幕墙较少使用，只是在幕墙的局部装饰上发挥着较大的作用。

彩涂钢板是一种带有有机涂层的钢板，具有耐蚀性好、色彩鲜艳、外观美观、加工成型方便及具有钢板原有的强度等优点而且成本较低。彩涂钢板的基板为冷轧基板、热镀锌基板和电镀锌基板。涂层种类可分为聚酯、硅改性聚酯、聚偏二氟乙烯（1种纯热塑性含氟聚合物，由偏二氟乙烯经聚合而成的高分子化合物，白色固体）和塑料溶胶。彩涂钢板的表面状态可分为涂层板、压花板和印花板。彩涂钢板广泛用于建筑家电和交通运输等行业，对于建筑业主要用于钢结构厂房、机场、库房和冷冻等工业及商业建筑的屋顶墙面和门等，民用建筑采用彩涂钢板的较少。

金属饰面板材料均应达到国家相关标准及设计的要求，并应有出厂合格证、质量保证书及必要的检验报告。骨架锚固一般采用预埋件或后置埋件，后置埋件形式要符合设计要求，并在现场做拉拔试验。钢板连接件与非同质骨架连接时，中间要垫有机材质垫块，以免发生电化学腐蚀。隐框、半隐框幕墙构件板材与金属框之间硅酮结构密封胶的粘结宽度，应分别计算风荷载标准值和板材自重标准值作用下硅酮结构密封胶的粘结宽度，并取最大值，且不得小于7.0mm。金属幕墙的防火、保温、防潮材料的设置应符合设计要求，并应密实、均匀、厚度一致。金属框架及连接件的防腐处理应符合设计要求。

2. 施工机具准备

（1）机械工具：电焊机、型材切割机、手枪钻、自攻钻及开槽机等。

（2）手动工具：打胶枪、改锥、扳手、钳子、壁纸刀等。

3. 作业条件

（1）施工时应搭好脚手架，保证脚手架的安全性，并预留施工人员的操作空间，脚手架上应设置安全网，以免在幕墙施工时发生物体坠落伤人。

（2）幕墙施工前建筑主体需验收合格，且混凝土强度达到幕墙设计要求；幕墙施工图已绘制完善，且已经各方认可；施工组织设计要求的人员、机具及前期施工材料已到位。

7.2.2 金属幕墙施工工艺

金属幕墙施工工艺

1. 工艺流程

测量放线→锚固件制作、安装→骨架制作安装→面板安装→嵌缝打胶→清洗保洁

2. 施工要点

（1）测量放线

根据设计和施工现场实际情况准确测放出金属幕墙的外边线和水平垂直控制线，然后将骨架竖框的中心线按设计分格尺寸弹到结构上。测量放线要在风力不大于 4 级的天气情况下进行，个别情况应采取防风措施。

（2）锚固件安装

金属幕墙骨架锚固件应尽量采用预埋件，在无预埋件的情况下采用后置埋件，埋件的结构形式要符合设计要求，锚栓要进行现场拉拔试验，满足强度要求后才能使用。锚固件一般由埋板和连接角码组成。施工时按照设计要求在已测放的竖框中心线上准确标出埋板位置，后打孔将埋件固定，并将竖框中心线引至埋件上，然后计算出连接角码的位置，在埋板上划线标记，同一竖框同侧连接角码位置要拉通线检测，不能有偏差。角码位置确定后，将角码按此位置焊到埋板上，焊缝宽度和长度要符合设计要求，焊完后焊口要重新做防锈处理，一般涂刷防锈漆两遍。

（3）骨架制作安装

根据施工图及现场实际情况确定的分格尺寸，在加工场地内，进行骨架的下料，并运至现场进行安装。安装前要先根据设计尺寸挂出骨架外皮控制线，挂线一定要准确无误，其控制质量将直接关系金属幕墙饰面质量。骨架如果选用铝合金型材，锚固件一般采用螺栓连接，骨架在连接件间要垫绝缘垫片，螺栓材质规格和质量要符合设计要求及规范规定。骨架如采用型钢，连接件既可采用螺栓也可采用焊接的方法连接，焊接质量要符合设计要求及规范规定，并要重新做防锈处理。

主体结构与金属幕墙连接的各种预埋件，其数量、规格、位置和防腐处理必须符合设计要求。幕墙的金属框架与主体结构预埋件的连接、立柱与横梁的连接及幕墙面板的安装必须符合设计要求，安装必须牢固。

（4）面板安装

根据金属饰面板的材质选择合适的固定方式，一般采用自攻钉直接固定到骨架上或板折边加角码后再用自攻钉固定角码的方法。饰面板安装前要在骨架上标出板块位置，并拉通线，控制整个墙面板的竖向和水平位置。安装时要使各固定点均匀受力，不能挤压板面，不能敲击板面，以免发生板面凹凸或翘曲变形，同时饰面板要轻拿轻放，避免磕碰，以防损伤表面漆膜。面板安装要牢固，固定点数量要符合设计及规范要求，施工过程中要严格控制施工质量，保证表面平整，缝格顺直。

（5）嵌缝打胶

打胶需选用与设计颜色相同的耐候胶，打胶前要在板缝中嵌塞大于缝宽 2～4mm 的泡沫棒，嵌塞深度要均匀，打胶厚度一般为缝宽的 1/2。打胶时板缝两侧饰面板要粘贴美纹纸进行保护，以防污染。打完后要在表层固化前用专用刮板将胶缝刮成凹面，胶面要光滑圆润，不能有流坠、褶皱等现象，刮完后应立即将缝两侧美纹纸撕掉。打胶操作不宜在阴雨天进行。硅酮结构密封胶应打注饱满，并应在温度 15～30℃、相对湿度 50% 以上、洁净的室内进行。不得在现场墙上打注。

（6）清洗保洁

待耐候胶固化后，将整片幕墙用清水清洗干净，个别污染严重的地方可采用有机溶剂清洗，但严禁使用尖锐物体刮，以免损坏饰面板表现涂膜。清洗后要设专人保护，在明显位置设警示牌以防污染或破坏。

【能力测试】

简述金属幕墙的施工流程及施工要点。

【实践活动】

参观施工中（或施工完成）的金属幕墙工程，对照技术规范要求，认知金属幕墙的组成构件的名称、作用、安装要求，并判断其是否符合要求。

项目 7.3　石材幕墙工程施工

【项目描述】

石材幕墙是一种独立的围护结构体系，同玻璃幕墙一样，饰面石材通过干挂件与钢构架连接，把石材的受力传给钢构架，与钢构架形成一个整体，再通过钢构架与预埋件的连接件直接将受力传递给预埋支座，最后传到主体结构。整个幕墙的受力都由主体结构承受，因此在进行建筑设计时，必须先将主体结构设计成有足够的强度来满足幕墙传递的荷载；另外还应满足建筑热工、隔声、防水、防火和防腐蚀等要求。

【学习支持】

7.3.1　石材幕墙工程相关知识

7.3.1.1　石材幕墙工程相关规范

（1）《建筑工程施工质量验收统一标准》GB 50300-2013

（2）《建筑装饰装修工程质量验收标准》GB 50210-2018

（3）《金属与石材幕墙工程技术规范》JGJ 133-2001

7.3.1.2　石材幕墙的结构形式

在高级建筑装饰幕墙工程中，使用最多的当属干挂花岗岩石板幕墙。该方法是用一组高强、耐腐蚀的金属连接件，将石材板与主体结构可靠连接，而形成的空间层不作灌浆处理，具有施工速度快，石材表面不泛碱等优点。

干挂石材幕墙在外墙中的应用越来越普通，由于湿贴法（又称灌浆法）固有的缺陷，干挂式石材幕墙已被业主及建筑师广泛接受。近几年随着幕墙技术的发展及幕墙技术规范的完善，干挂石材工艺已日趋完善，目前大约有以下几种典型的结构：

（1）钢销式结构。钢销式干挂法又称为插针法，是石材干挂技术的第一代产品，最早从日本传入我国，是干挂石材工艺中最早的做法，也是最简洁的做法。它是在石材的端面钻孔，用钢销与托板固定石材，可分为两侧和四侧连接，其结构特点是相邻两块石材面板固定在同一支钢销上，钢销固定在托板上，托板与骨架固定，如图 7-20 所示。此结构简单，但石材板面局部受力，易产生挤压应力（应力集中），板块抗变形能力不好，板块破损后不宜更换，适合在高度 20m 以下的低层建筑上应用。

（2）半圆槽结构。此结构属于干挂技术第二代产品，它是在石板的上下端面铣半圆槽口，将相邻两块石材、面材共同固定在 T 形型材上。T 形型材可以是铝合金，也可以是不锈钢。此结构受力较销钉合理，较易吸收变形。T 形型材再与骨架固定，但板块破损后不宜更换。

（3）通长槽结构。此结构与半圆槽结构相近，是在石材上下端面开放通长槽口，采用通长铝合金卡条固定。其特点是受力合理，可靠性高，板块抗变形能力强，板块破损后可实现更换，适用于高层建筑，尤其在单元式石材幕墙中，多采用这种做法。

（4）小单元式结构。它是短槽式石材幕墙的一种形式。石材面板通过铝合金挂钩与骨架相连，相邻石材面板均是独立与骨架相连，不再是共同连接，每个石材板块均是独立的，板块破损后能独立更换破损石材板块，其抗变形能力和抗震性能较半圆槽结构有所提高。

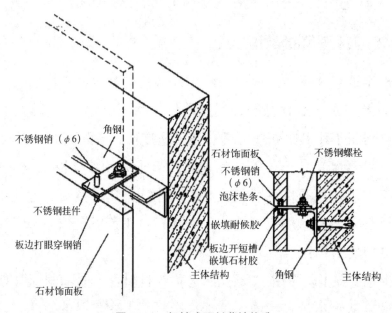

图 7-20　钢销式石材幕墙构造

（5）背栓式结构。背栓式干挂法是在石材面板的背面采用专用钻孔设备在石材上钻孔，然后安装无应力螺栓固定在石材背面，再通过铝合金挂钩与骨架相连，如图 7-21 所示。此结构属于石材干挂技术第三代产品，是目前世界上较先进技术，其特点是实现石材的无应力加工，石材连接强度高，节省强度值 30% 左右（与短槽式相比），板块可单独拆装，维护方便。

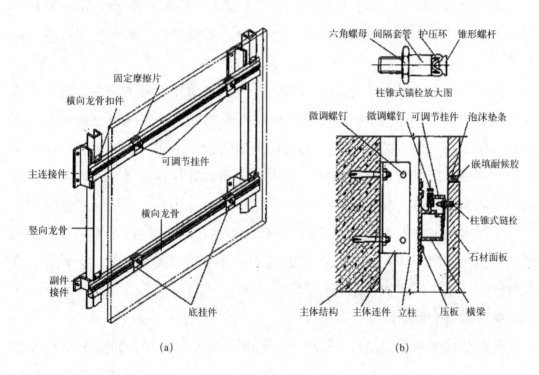

(a)　　　　　　　　　　　　　　　　　　(b)

图 7-21　背栓式石材幕墙构造
(a) 立体图；(b) 竖向节点详图

【任务实施】

7.3.2　石材幕墙工程施工

7.3.2.1　石材幕墙施工准备

1. 材料准备

石材幕墙的构造组成主要包括饰面板材、连接件、金属构架和支座预埋件。

（1）饰面板材

◆ 幕墙石材的选用

幕墙石材宜采用花岗岩，即火成岩。因花岗岩的主要成分是长石和石英。其质地坚硬，具有耐酸碱、耐腐蚀、耐高温、耐日晒雨淋、耐冰冻及耐磨性好等特点，故较适宜用作建筑物的外饰面，也就是幕墙的饰面板材。石材的技术要求：吸水率小于 0.80%，弯曲强度大于等于 8.0MPa。幕墙石材的技术要求和性能试验方法如耐酸性、耐磨性、弯曲强度、吸水率等应符合国家现行标准的有关规定。

幕墙石材的常用厚度为 25 ~ 30mm。为满足强度计算的要求，幕墙石板的厚度最薄不得小于 25mm。而其中火烧石板的厚度应比同规格抛光石板厚 3mm，因为石材经火烧加工后，其表面形成的细小不均匀的麻坑会影响板材厚度，同时也影响到板材的强度，故规定在设计计算强度时，对同厚度火烧板一般需要按减薄 3mm 进行。

因石材是天然性材料，对于内伤或微小的裂纹用肉眼很难看清，在使用时存在安全隐患。因此设计时应考虑到天然材料的不可预见性，石材幕墙立面划分时，单块板面积不宜大于 $1.5m^2$。

◆ 板材表面处理

石材的表面处理方法，应根据环境和用途决定。其表面应采用机械加工，加工后的表面应用高压水冲洗或用水和刷子清理，严禁用溶剂型的化学清洁剂清洗石材。因石材是多孔的天然材料，一旦使用溶剂型的化学清洁剂就会有残余的化学成分留在微孔内，与工程密封材料及粘结材料会起化学反应而造成饰面污染。

（2）金属构架

用于幕墙的钢材有不锈钢、碳素钢、低合金钢、耐候钢、钢丝绳和钢绞线。

石材幕墙的金属构架主要采用低碳钢 Q235，高于 40m 的幕墙结构，钢构件宜采用高耐候结构钢。石材幕墙钢架主要由横梁和立柱组成，一般情况下，横梁主要采用角钢，立柱采用槽钢（有时也采用桁架）。钢型材应该符合设计及《钢结构设计标准》GB 50017-2017 的要求，并应具有钢材厂家出具的质量证明书或检验报告，其化学成分、力学性能和其他的质量要求必须符合国家标准规定。在选择钢材时注意下列要求：

◆ 选择质量可靠的厂家，有检验证书、出厂合格证和质量保证书。

◆ 使用前，必须经过有资质的检验部门的试验，并出具试验合格报告书；幕墙的钢结构属隐蔽工程，在安装钢架之前必须进行防锈处理。热镀锌是最有效的防锈处理方法，其镀锌层不应小于 45μm。

钢架横梁角钢与立柱槽钢（或桁架）的连接方法主要采用螺栓连接。螺栓连接时，采用螺栓通过角码将角钢固定在槽钢上，使角钢与槽钢形成一个整体钢架。钢架要与主体结构的避雷装置有效地连接起来，使整个建筑形成一个较好的避雷网络。

（3）连接石材幕墙的连接件

石材幕墙的连接有石材与角钢的连接、角钢与槽钢的连接、槽钢与预埋支座的连接。

◆ 石材与角钢的连接

石材与角钢的连接采用不锈钢挂件连接。其连接方法有：①钢销连接法；②蝴蝶扣和 T 形挂件连接法；③背栓法；④通槽连接法；⑤ S、R 形挂件连接法；⑥复合连接法。

金属挂件按材料分主要有不锈钢和铝合金类两种。不锈钢挂件主要用于无骨架体系和碳素钢骨架体系中，厚度不小于 3.0mm。铝合金挂件厚度不小于 4.0mm。金属挂件应有良好的抗腐蚀能力，挂件种类要与骨架材料相匹配，不同类金属不宜同时使用，以免发生电化学腐蚀。

◆ 角钢与槽钢的连接

角钢与槽钢的连接有两种方法：一种是采用螺栓通过角码与支座钢板连接；另一种是通过支臂采用焊接与支座钢板连接。当立柱槽钢离主体结构较远时，一般采用槽钢作为伸臂，使槽钢与支座钢板连接；当立柱槽钢离主体结构不远时，可采用角码与支座钢板连接。一般每层设一根槽钢，上下两头分别与预埋在混凝土结构上的支座连接，整个结构按悬式进行设计。每根槽钢的上头可与支臂焊接，也可采用螺栓与角码连接，下头应通过插芯或连接钢板进行螺栓连接，这样可使上下槽钢有伸缩活动能力，以消除钢材变形而产生应力。

（4）支座预埋件

支座预埋件应在主体结构浇筑混凝土之前预埋。

（5）建筑密封材料

所用硅酮耐候密封胶和硅酮结构密封胶，均为中性制品，应在有效期内使用。同一幕墙工程应采用同一品牌的单组分或双组分的硅酮结构密封胶，并应有保质年限的质量证书。用于石材幕墙的硅酮结构密封胶还应有证明无污染的试验报告。

2. 施工机具准备

（1）机具：电焊机、钻床、手电钻、冲击电锤、云石锯、切割机、角磨机等。

（2）工具：胶枪、钳子、锤子、各种扳手、螺丝刀等。

（3）检测用具：经纬仪、激光铅垂仪、水准仪、钢尺、水平尺、靠尺、塞尺、线坠等。

3. 作业条件

（1）主体及二次结构施工完毕，并经验收合格。

（2）幕墙位置和标高基准控制点、线已测设完毕，并预检合格。

（3）门、窗框已安装完毕，经验收满足设计和石材安装要求。

（4）幕墙安装所用预埋件、预留孔洞的施工已完，位置正确，孔、洞内杂物已清理干净，并经验收符合要求。

（5）作业区域内无影响幕墙安装的障碍物。施工用的脚手架已搭设完毕并检验合格，临时用水、用电已供应到作业面。

（6）现场材料存放库已准备好，若为露天堆放场，应有防风雨的措施。

7.3.2.2 石材幕墙施工工艺

1. 工艺流程

测量、放线→校核预埋件、安装后置埋件→金属构架安装→避雷连接→防火保温安装→石材饰面板安装→嵌缝、注胶→淋水试验→表面清洗

墙面干挂石材施工工艺－视频

2. 施工要点

（1）测量、放线

根据结构的标高、轴线等控制点、线重新测设幕墙施工的各条基准控制线。放线时应按设计要求的定位和分格尺寸，先在首层的地、墙面上测设定位控制点、线，然后用经纬仪或激光铅垂仪在幕墙阴阳角、中心向上引垂直控制线和立面中心控制线，用水平仪和钢尺测设各层水平标高控制线。最后按设计大样图和测设的垂直、中心、标高控制线，弹出横、竖骨架的安装位置线。

（2）校核预埋件、安装后置埋件

幕墙施工前应按已弹好的控制线对预埋件进行检查和校核，一般位置尺寸允许偏差为 ±20mm，标高允许偏差为 ±10mm。对预埋件位置偏差大、结构施工时漏埋或设计变更未埋的埋件，应按设计要求补做后置埋件，后置埋件一般应选用化学锚栓固定，不宜采用膨胀螺栓，且应做拉拔试验，并做好施工记录。

（3）金属构架安装

构架一般采用铝合金型材或型钢，安装时先安装立柱后安装横梁。按测设好的立柱安装位置线将同一立面靠两端的立柱安装固定好，然后拉通线按顺序安装中间立柱。通常先按线把角码固定到预埋件上，再将立柱用 2 条直径不小于 10mm 的螺栓与角码固定。立柱安装完后用水平尺将各横梁位置线引至立柱上，然后安装横梁，横梁应与立柱垂直，横梁与立柱不宜直接焊接，应采用螺栓连接或通过角码后用螺钉连接，每处连接点螺栓不得少于 2 个，螺钉不得少于 3 个且直径不得小于 4mm。各种不同金属材料的接触面应采用绝缘垫片分隔，以防发生电化学反应。

（4）避雷连接

金属构架安装完后，构架体系的非焊接连接处，应按设计要求用导体做可靠的电气连接，使其成为导电通路，并与建筑物的防雷系统做可靠连接。导体与导体、导体与构架的接触面材质不同时，还应采取措施防止电化学反应腐蚀构架材料（一般采取涮锡或加垫过渡垫片等措施）。明敷接地线一般采用 $\phi 8$ 以上的镀锌圆钢或 3mm×25mm 的镀锌扁钢，也可采用不小于

$25mm^2$ 的编织铜线。一般接地线与铝合金构件连接宜使用不小于 M8 的镀锌螺栓压接，接地圆钢或扁钢与钢埋件、钢构件采用焊接进行连接，圆钢的焊缝长度不小于 10 倍圆钢直径，双面焊，扁钢搭接不小于 2 倍扁钢宽度。三面焊，焊完后应进行防腐处理。防雷系统的接地干线和暗敷接地线，应采用 ϕ 10 以上的镀锌圆钢或 4mm×40mm 以上的镀锌扁钢。防雷系统使用的材料表面应采用热镀锌处理。

（5）防火保温安装

将防火棉填塞于每层楼板、每道防火分区隔墙与石材幕墙之间的空隙中，上、下或左、右两面用镀锌钢板封盖严密并固定后形成防火隔离层，防火棉填塞应连续严密，中间不得有空隙。按设计要求需进行保温材料安装时，一般先将衬板固定于金属骨架后面，再将保温材料填塞于金属骨架内并与骨架进行固定，最后在保温层外表面按设计要求安装防水、防潮层。保温材料填塞应严密无缝隙，与主体结构外表面应有不小于 50mm 的空隙，防火、保温材料本身及衬板和防水、防潮层应固定牢固可靠。

（6）石材饰面板安装

安装顺序宜先安装大面，在门、窗等洞口四周大面上留下一块面板不装，然后安装洞口周边的镶边石材面板，最后安装大面预留面板。大面安装宜按分格进行，在每个分格中宜由下向上分层安装，安装到每个分格标高时，应注意调整误差，不要使误差积累。

（7）嵌缝、注胶

石材板面安装完成后，应按设计要求进行嵌缝，设计无要求时，宜选用中性石材专用嵌缝胶，以免发生渗析污染石材表面。嵌缝时先将板缝清理干净，并确保粘结面洁净干燥的情况下，用带有凸头的刮板将泡沫填充棒（条）塞入缝中，使胶缝的深度均匀，然后在板缝两侧的石材板面上粘贴纸面胶带，避免嵌缝胶污染石板，最后进行注胶作业。注胶时应边注胶边用专用工具勾缝，使成型后的胶面呈弧形凹面且均匀无流淌，多余的胶液应立即用清洁剂擦净，最后揭去石板表面的纸面胶带。

（8）淋水试验（敞缝幕墙不做）

嵌注的胶完全固化后，对幕墙易渗漏部位进行淋水试验，试验方法和要求应符合现行国家标准《建筑幕墙气密、水密、抗风压性能检测方法》GB/T 15227—2019 的规定。

（9）清洗

淋水试验完成后，用清水或清洁剂将整个石材幕墙表面擦洗干净。必要时按设计要求进行打蜡或涂刷保护剂。

【能力测试】

一、单项选择题

1. 根据规范规定，硅酮结构密封胶在风荷载或水平地震作用下的强度设计值取（　　）N/m^2。

　　A. 0.1　　　　B. 0.2　　　　C. 0.3　　　　D. 0.5

2. 全玻幕墙的面板与玻璃肋之间的传力胶缝，必须采用（　　），不能混同于一般玻璃面板之间的接缝。

　　A. 硅酮结构密封胶　　　　　B. 硅酮建筑密封胶

　　C. 双面胶带　　　　　　　　D. 硅酮耐候密封胶

3. 根据相关规范要求，海边及严重酸雨地区，铝合金板材可采用三或四道氟碳树脂涂层，其厚度应大于（　　）μm。

　　A. 30　　　　B. 40　　　　C. 50　　　　D. 70

4. 石板经切割或开槽等工序后均应将石屑用水冲干净，石板与不锈钢或铝合金挂件间应用（　　）粘结。

　　A. 环氧树脂型石材专用结构胶　　　　B. 丁基热熔封胶

　　C. 三元乙丙橡胶　　　　　　　　　　D. 聚硫密封胶

5. 铝塑复合板在切割内层铝板和聚乙烯塑料时，应保留不小于（　　）mm 厚的聚乙烯塑料，并不得划伤铝板的内表面。

　　A. 0.1　　　　B. 0.2　　　　C. 0.3　　　　D. 0.5

二、多项选择题

1. 构件式玻璃幕墙的密封胶嵌缝时，其密封胶的施工厚度应大于 3.5mm，一般控制在 4.5mm 以内，其厚度太厚会（　　）。

　　A. 对保证密封质量不利　　　B. 失去密封作用　　　C. 使缝底与胶分开

D. 失去防渗漏作用　　　　　E. 容易被破坏

2. 石材幕墙的面板与骨架的连接方式包括（　　　）。

A. 钢销式　　　　B. 通槽式　　　　C. 短槽式

D. 背栓式　　　　E. 立柱式

3. 关于金属与石材幕墙面板安装要求的说法中，正确的是（　　　）。

A. 石板的转角宜采用不锈钢支撑件

B. 不锈钢挂件的厚度不宜小于 3.0mm

C. 安装到每一层楼标高时，要调整水平偏差

D. 金属与石材幕墙板面嵌缝应采用酸性硅酮耐候密封胶

E. 金属、石材幕墙面板安装使用铝合金材料做挂件时，在与钢材接触处应衬隔离垫片，以避免双金属腐蚀

【实践活动】

1. 参观施工中（或施工完成）的石材幕墙工程，对照技术规范要求，认知石材幕墙的组成构件的名称、作用、安装要求，并判断其是否符合要求。

2. 以 4 ~ 6 人为 1 个小组，在学校实训基地进行石材幕墙施工实训。

【活动评价】

学生自评 （20%）	规范选用	正确□	错误□
	石材幕墙施工	合格□	不合格□
小组互评 （40%）	石材幕墙施工	合格□	不合格□
	工作认真努力，团队协作	很好□	较好□
		一般□	还需努力□
教师评价 （40%）	石材幕墙施工完成效果	优□	良□
		中□	差□

参考文献

[1] 纪士斌.建筑装饰装修工程施工 [M].北京：中国建筑工业出版社，2011.

[2] 李继业.建筑装饰工程实用技术手册 [M].北京：化学工业出版社，2014.

[3] 鲁毅，王守剑.建筑装饰施工 [M].北京：冶金工业出版社，2010.

[4] 兰海明.建筑装饰施工技术 [M].北京：中国建筑工业出版社，2002.

[5] 田正宏，黄爱清.建筑装饰施工技术 [M].北京：高等教育出版社，2002.

[6] 建筑施工手册编写组.建筑施工手册 [M].北京：中国建筑工业出版社，2003.

[7] 《建筑施工手册》（第五版）编委会.建筑施工手册之建筑装饰装修工程 [M].北京：中国建筑工业出版社，2012.

[8] 赵志绪，应惠清.建筑施工 [M].上海：同济大学出版社，2004.

[9] 中华人民共和国国家标准.建筑工程施工质量验收统一标准：GB 50300-2013[S].北京：中国建筑工业出版社，2013.

[10] 中华人民共和国国家标准.建筑装饰装修工程质量验收标准：GB 50210-2018[S].北京：中国建筑工业出版社，2018.

[11] 中华人民共和国国家标准.住宅装饰装修工程施工规范：GB 50327-2001[S].北京：中国建筑工业出版社，2001.

[12] 住宅室内装饰装修工程质量验收规范：JGJ/T 304-2013[S].北京：中国建筑工业出版社，2013.